Fabio Meloni

PROFUMERIA APPLICATA

Fabio Meloni

PROFUMERIA APPLICATA

MANUALE DI RICERCA, SVILUPPO E COMPOSIZIONE DI FRAGRANZE

Indice Generale

A molte persone l'idea che il tempo abbia avuto un inizio non piace, probabilmente perché questa nozione sa un po' di intervento divino.

Stephen Hawking

Introduzione

Tra tutti, quello dell'olfatto è il senso più misterioso e ancora difficilmente decifrabile. Nonostante le più attuali teorie abbiano provato a definire quali meccanismi fisiologici siano implicati nella percezione degli odori, resta difficile comprendere come l'informazione olfattiva venga tradotta ed elaborata dal sistema nervoso centrale.

L'uomo, da sempre, ha dato a questo senso una connotazione sacra, identificando gli odori come strumento di comunicazione col divino.

L'etimologia stessa della parola profumo (*per fumum*, attraverso il fumo) e gli studi archeo-antropologici, ci rivelano che gli odori gradevoli erano già in antichità utilizzati sia come linguaggio comunicativo mistico spirituale ma anche come linguaggio comunitario sociale. Nel corso dei secoli il mistero imperscrutabile nei confronti dell'olfatto ha portato le società ad esaltarne il suo ruolo, a declassarlo come il più rudimentale e bestiale dei sensi e poi a riabilitarlo nuovamente. In questo gioco di concetti ed elaborazioni storico-filosofiche il bisogno e la curiosità umana, nei confronti degli odori, hanno avuto la meglio, tanto da far fiorire quella scienza artistica che oggi definiamo profumeria.

Quando quindici anni fa ho iniziato a studiare profumeria ho avuto molta difficoltà nel reperire testi ed informazioni utili alla formazione del profumiere, mi sembrava una materia inaccessibile e segreta, soprattutto per quanto riguarda le tecniche compositive che mi interessavano maggiormente. Ho iniziato così ad approfondire in ambito accademico le scienze botaniche e la chimica estrattiva delle piante medicinali e la cosmetologia e, grazie ai numerosi soggiorni di studio in Provenza, a scoprire in modo pratico le applicazioni di questa meravigliosa scienza artistica. Fin da subito ho pensato a quanto potesse essere utile, per chi si approccia alla profumeria, un manuale pratico per iniziare a districarsi in questo ginepraio di informazioni spesso confuse.

Nella prima parte del libro ho deciso di introdurre il lettore ai principi delle scienze botaniche offrendo informazioni di base, queste saranno utilissime poi per un primo approccio alla chimica estrattiva da matrici vegetali. Capiremo così come e perché le piante producono le essenze, quali sono le sostanze da estrarre e come farlo. La seconda parte del testo è dedicata alle tecniche compositive classiche e ai nuovi approcci che ho individuato fin ora. Si approfondirà la composizione degli accordi, delle ricostruite e delle specialità e soprattutto come approcciarsi alla composizione delle fragranze. Nel testo ho voluto inserire molte curiosità pratiche che mi sono utilissime anche nel lavoro di laboratorio di tutti i giorni.

Ovviamente tutti gli aspetti delle scienze profumistiche non si possono sintetizzare in un manuale, perciò in bibliografia si potranno individuare gli approfondimenti per gli studiosi più curiosi.

Questo libro di profumeria applicata racchiude così tutto ciò che all'inizio dei miei studi avrei voluto trovare per accompagnarmi agevolmente nello studio scientifico e mi auguro possa facilitare il vostro approccio a questa meravigliosa arte perché possiate dare anche voi un contributo attivo alla rivoluzione olfattiva in corso.

Fabio Meloni

Princìpi di botanica morfologica e anatomica

Conoscere le piante, le loro strutture e le loro funzioni è di fondamentale importanza per il profumiere. Le materie prime vegetali sono da sempre le più utilizzate in profumeria, anche la stessa chimica di sintesi delle molecole odorose cerca di riprodurre o enfatizzare aspetti già abbondantemente presenti in natura, mimandone effetti o strutture. Sapere dove e come queste sostanze vengono prodotte è certamente utile e stimolante per la ricerca di nuove materie prime e lo sviluppo di progetti e fragranze originali. Partire dalla conoscenza delle strutture delle piante attraverso un approccio morfologico e anatomico invita a ragionare sin da subito in termini di strutture vegetali e relative funzioni biologiche. Attraverso questo criterio si individueranno infatti le parti della pianta più utili da estrarre che possano fornire un principio aromatico ben definito migliorando la replicabilità dell'estrazione e la standardizzazione del prodotto ottenuto. Vedremo nei capitoli successivi quanto questo sia fondamentale nel momento in cui si definiranno i metodi di estrazione delle sostanze aromatiche vegetali. Tale presupposto promuove anche una ricerca continua di materie prime tradizionalmente non considerate in profumeria ampliando di gran lunga la palette personale di ogni artigiano profumiere. Non solo, la conoscenza dell'anatomia delle piante garantisce anche un uso accorto del materiale vegetale, finalizzato ad ottenere sempre la migliore qualità degli estratti.

Come primo passo è necessario identificare quelle che sono le caratteristiche delle cellule vegetali (citologia) per poi vedere come queste si organizzano in tessuti (istologia) che a loro volta costruiscono le strutture o organi vegetali (anatomia).

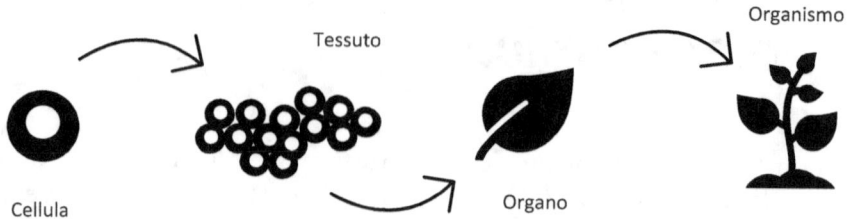

Di seguito riassumeremo, in modo molto rapido e generale, quelle che sono le nozioni basilari biologiche delle scienze vegetali per comprendere al meglio perché, come e dove vengono prodotte le sostanze naturali di interesse per il profumiere. Ovviamente verranno delineate le caratteristiche fondamentali invitando il lettore più scrupoloso all'approfondimento consigliato in bibliografia.

Dalla cellula alla pianta

Citologia vegetale: la cellula

La citologia studia le cellule ovvero l'unità fondamentale degli organismi. Ogni cellula è un laboratorio meraviglioso, complesso e dinamico, suddiviso in numerose strutture e funzioni ben programmate che svolgono compiti necessari per garantire la vita dell'organismo. Ciò che accomuna le diverse cellule di un unico individuo è il patrimonio genetico presente in ognuna di esse che varia da organismo ad organismo della stessa specie. Date la complessità, reale e dinamica, e la diversità tra cellula e cellula, si tende a schematizzare la struttura cellulare in un modello generico che riproduca strutture e funzioni principali della cellula vegetale (vedi *Figura 1)*.

La parete cellulare

La parete cellulare è una struttura speciale delle cellule vegetali. Svolge il ruolo di connessione strutturale tra una cellula e l'altra permettendo l'interscambio di informazioni sia con le altre cellule sia con l'esterno. Predominante è la funzione di entrata uscita dell'acqua da ogni singola cellula, necessaria alla vita. La parete cellulare è il confine della cellula vegetale e, oltre a fornire struttura e barriera, è il recettore dei segnali provenienti dall'esterno. Attorno alla cellula, a seconda del destino della cellula (ovvero se diventerà la cellula di una foglia o della radice), viene deposta e stratificata con tempi più o meno lunghi questa struttura dall'architettura molecolare complessa, ricca di pectine, polisaccaridi, proteine, minerali, fenoli e polifenoli (Scannerini, 1993).

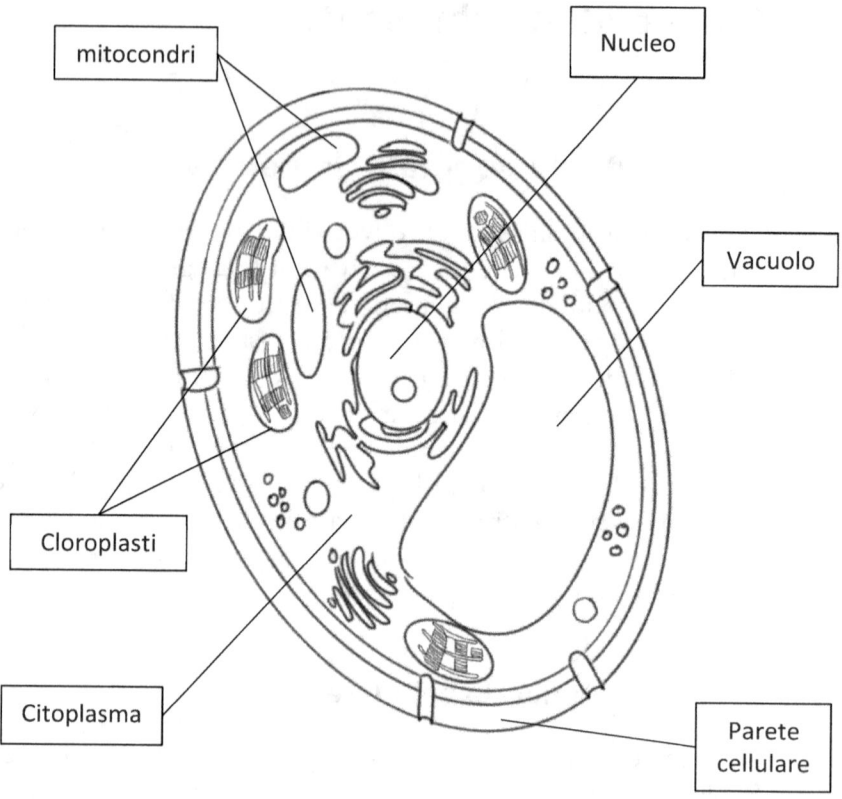

Figura 1 – Cellula vegetale con strutture principali

Il citoplasma

Rappresenta la parte interna della cellula una matrice acquosa detta **citosol** nella quale sono presenti gli organuli cellulari come il nucleo, i mitocondri, i ribosomi, l'apparato di Golgi, la membrana plasmatica ed il reticolo endoplasmatico. Tutti questi sono comunemente presenti anche nelle cellule animali. Sono invece esclusivi delle cellule vegetali: i **plastidi** ed il **vacuolo** (oltre alla parete cellulare).

I plastidi

Sono organuli caratteristici presenti solo nelle cellule vegetali ognuno dei quali è specializzato per svolgere una funzione specifica. In generale si suddividono in **cromoplasti, leucoplasti** e i più conosciuti **cloroplasti**, questi ultimi sono il sito in cui ha luogo la fotosintesi.

I leucoplasti sono plastidi privi di pigmenti e svolgono una funzione di riserva, quando contengono in particolare amidi sono detti amiloplasti. Gli amiloplasti sono presenti in gran numero nelle cellule che fanno parte dei semi, dei frutti, dei tuberi, dei rizomi o del midollo dei fusti e sono ricchi di amido secondario ovvero di amido di riserva. Per esempio, i rizomi di iris *Iris pallida* hanno un contenuto di amido molto elevato, utile nella produzione della polvere d'iris ma spesso d'intralcio nelle procedure di prima distillazione per ottenere un'assoluta di buona qualità.

I cloroplasti svolgono la funzione fotosintetica e contengono dei pigmenti quali clorofilla e carotenoidi (cromoplasti). La fotosintesi è uno dei processi più sorprendenti in natura, è il momento in cui l'energia della luce solare permette la trasformazione di sostanze inorganiche in nutrimento: il glucosio. Questo zucchero che entra a far parte anche del nostro cibo, e che quindi ci permette di crescere, immaginare, leggere questo capitolo e forse ricordarcelo a distanza di tempo, esiste per merito delle piante. Sembra banale ma se pensiamo (basterebbe solo pensare) che il nostro cervello per svolgere il suo lavoro ha bisogno quasi esclusivamente di glucosio (anche se il SNC è un tessuto glucosio-dipendente riesce a sopravvivere in carenza di glucosio utilizzando i corpi chetonici), possiamo capire quanto sia necessaria la produzione di questo zucchero in natura e quanto siamo dipendenti dalle piante, più di quanto immaginiamo: ogni giorno lo diamo per scontato. Durante la **fotosintesi** si produce glucosio partendo dall'acqua e dell'anidride carbonica, grazie all'irradiazione luminosa. Questo è il primo passo verso la produzione, all'interno della cellula, di numerosissime altre molecole ovvero i prodotti del metabolismo primario e del **metabolismo secondario**. Quest'ultimo interessa maggiormente il profumiere pertanto verrà discusso più avanti dettagliatamente.

Il vacuolo

I vacuoli possiamo immaginarli come delle sacche delimitate da una membrana costituita da fosfolipidi detta *tonoplasto*; all'interno di queste sacche si trova il succo vacuolare, una sostanza acquosa contenete soluti, inclusi solidi o lipidi. Sarà di fondamentale importanza per il profumiere conoscere i contenuti metabolici della cellula vegetale che possono essere talvolta utili o sfavorevoli durante il processo estrattivo.

Il succo vacuolare è una soluzione, una sospensione oppure un'emulsione di numerose sostanze in fase acquosa. Queste sostanze di natura chimica differente vengo stipate all'interno del vacuolo per motivi ancora poco chiari che potrebbero essere l'eliminazione dei rifiuti metabolici o la riserva provvisoria. Tuttavia, sono sempre più numerosi gli studi che convergono nel conferire a queste sostanze un ruolo chiave nella comunicazione delle piante con l'ambiente circostante, tali sostanze sono infatti fondamentali nella sopravvivenza e nella comunicazione con le altre specie vegetali e animali. Immaginate quanto sia evoluta nelle piante la capacità di attrarre insetti impollinatori con molecole odorose e colorate o la produzione di sostanze tossiche e repulsive che preservano l'integrità di alcune specie.

I costituenti principali del succo vacuolare comprendono: sali minerali, acidi organici, zuccheri, proteine, glucosidi ed alcaloidi. Inoltre, i vacuoli possono contenere dei latici formati da un'emulsione nel succo vacuolare di sostanze non solubili in acqua in particolare oli e lipidi.

In *Tabella 1* riassumiamo i costituenti vacuolari, i componenti più significativi e la loro funzione:

Tabella 1

Composti idrosolubili contenuti all'interno dei vacuoli		
Composti vacuolari	**Molecole e componenti**	**Probabile funzione**
Sali minerali	Anioni e cationi, cloruro di sodio, ioduri, solfati, nitrati e fosfati.	Riserva, reazioni fitochimiche all'interno della cellula di metabolismo primario e secondario
Acidi organici	Acido malico, acido tartarico, acido citrico e acido ossalico. Quest'ultimo può formare cristalli di ossalato di calcio e la loro forma è talvolta utile per determinare le droghe al microscopio.	Intervengono nella respirazione, spesso tossici per la cellula che li elimina, formando sali di calcio insolubili, o li brucia, formando CO_2.
Zuccheri	Glucosio, fruttosio, mannosio, galattosio, saccarosio, lattosio, polisaccaridi come i mannani e fruttosani.	Riserva. Alcune piante da profumo, ad esempio le asteracee (inula, elicriso, camomilla, ecc.), contengono zuccheri che precipitano in presenza di alcool formando sferocristalli i quali possono intorbidire la preparazione finale.

Aminoacidi e proteine	Aminoacidi, enzimi, proteine solubili e poco solubili, granuli di aleurone e globuline che si rigonfiano in presenza di acqua.	Sono sostanze di riserva, si trovano in maggiore quantità nei semi, grazie alla loro proprietà di rigonfiarsi in acqua contribuiscono alla germinazione e al nutrimento del germoglio nelle prime fasi di vita.
Glucosidi	Sono molecole formate da un gruppo gluconico (zuccheri) e un gruppo agluconico con strutture differenti. In campo terapeutico costituiscono i principi attivi di alcune piante, per esempio, quelle cardioattive come la digitale, la scilla o il mughetto.	Considerati spesso come prodotti di regressione del metabolismo si ipotizza un ruolo di interazione con altri esseri viventi animali vista la loro attività talvolta tossica.
Flavonoidi	Flavoni, flavonoli (di color giallo) e antociani (molecole rosse, blu o violetto) contribuiscono al colore dei petali di alcuni fiori e frutti (insieme ai carotenoidi dei plastidi)	Funzione comunicativa ed interattiva con altre specie. Ad esempio, nei fiori possono avere funzione vessillare attraendo gli insetti per l'impollinazione attraverso un colore specifico.
Tannini	Sono dei glucosidi riuniti in masse brunastre, gialle o rosse. Per la loro capacità di legarsi con le proteine rendendole insolubili ed	Funzione difensiva nei confronti dei parassiti per le proprietà antisettiche, proprio per questo si trovano

	imputrescibili sono utilizzati da sempre nell'industria della concia delle pelli. Importante ricordare che l'arte dei maestri profumieri e guantai di Grasse nasce nel XVI e serviva le concerie, che avevano bisogno sia delle piante per la concia, sia delle fragranze per profumare le pelli.	spesso in parti specifiche della pianta quali, corteccia, foglie, semi, galle, ecc.
Alcaloidi	Caffeina, morfina, nicotina, cocaina, colchicina, stricnina, codeina.	Sostanze di difesa dal morso di animali poiché talvolta estremamente tossiche, si sta studiando anche un ruolo evolutivo in relazione alla funzione di dipendenza nel regno animale che ha contribuito alla propagazione del seme di alcune specie.

Latici e gomme

I latici sono emulsioni formate sia da sostanze solubili in acqua, come quelle già citate, sia da lipidi, resine e idrocarburi diversi che non solubilizzano in acqua ma formano delle sospensioni o emulsioni. Il latice del papavero da oppio, *Papaver somniferum*, è tra i più conosciuti in ambito farmaceutico insieme alle più note gomme come caucciù e gomma arabica. Queste ultime sono delle miscele polisaccaridiche che formano sospensioni colloidali viscose, adesive ed elastiche. Possono essere solubili o semisolubili.

Diverse funzioni: cicatrizzante, dissuasiva per i predatori, antiparassitaria.

Lipidi

Sono le riserve di grassi e oli della pianta, spesso presenti considerevolmente in frutti e semi come arachidi, girasole, oliva. Anche i semi di ambretta (*Abelmoschum moschatum*) presentano una buona percentuale di acidi grassi oltre agli oli aromatici caratteristici della fragranza. La loro funzione è di riserva.

All'interno del vacuolo di cellule specializzate, presenti in tessuti specifici detti **tessuti secretori,** che tratteremo in seguito, vengono sintetizzati diverse classi di composti, di notevole importanza per la profumeria, che si disciolgono più o meno facilmente in solventi diversi dall'acqua. In particolare, **essenze** e **resine vegetali** che discuteremo in dettaglio più avanti.

Istologia vegetale: i tessuti

Le cellule simili, cresciute insieme, vicine e connesse, con la stessa funzione, formano un tessuto. Un tessuto vegetale è infatti un aggregamento di cellule specializzate che si possono riconoscere per i loro caratteri esclusivi attraverso l'esame microscopico. Con sezioni particolari e colorazioni si possono infatti evidenziare cellule simili che indicano l'organizzazione tissutale della pianta, questo è utile per esempio per discriminare o riconoscere il materiale vegetale essiccato o verificare la presenza di adulterazioni. Il ruolo di ogni tessuto è ben definito anche se tutti i tessuti svolgono comunemente quelle che son definite funzioni basali. Vedremo di seguito in maniera schematica quelli che sono i tessuti principali delle piante e la loro funzione.

Possiamo suddividere i vari tessuti in due grandi categorie i *tessuti meristematici*, con cellule giovani che si replicano continuamente e i *tessuti adulti* nei quali le cellule si sono specializzate e differenziate.

Tessuti meristematici

Si suddividono in tessuti meristematici primari e secondari. In generale si definiscono meristematiche tutte quelle cellule che mantengono una forma "embrionale" e che sono totipotenti ovvero hanno la capacità di differenziarsi in qualsiasi cellula specializzata.

I meristemi primari sono formati da cellule piccole con grandi nuclei e "sempre giovani" capaci di far crescere la pianta in altezza e sono quindi presenti nell'apice del fusto e nell'apice delle radici

I meristemi secondari invece sono formati da cellule adulte già differenziate che però riacquistano la capacità di differenziarsi ulteriormente in cellule particolari. Questi tessuti anche detti "cambi" permettono alla pianta di accrescersi in larghezza

Il cambio cribro-vascolare si trova all'interno e forma i tessuti conduttori come il legno (xilema) che trasporta la linfa grezza e il libro (floema) che trasporta soluti e sostanze trasformate con la fotosintesi

Il cambio suberofellodermico è il meristema secondario che forma i tessuti di rivestimento dei fusti e delle radici

Tessuti definitivi o adulti

Sono tessuti formati da cellule ormai differenziate e specializzate che svolgono una funzione specifica. Di seguito una sintesi sulla loro localizzazione e funzione negli organismi vegetali.

I tessuti tegumentali hanno il compito di rivestire le diverse parti della pianta e determinano il confine dei vari organi. Possiamo immaginarli come la pelle della pianta. Hanno tutti origine dai meristemi primari tranne il periderma che produce il sughero che invece proviene dai meristemi secondari.

Epidermide: è un tessuto tegumentale primario che riveste le foglie e i fusti. Nelle piante legnose si trasformerà ancora in scorza o corteccia andando a costituire il periderma. Nelle piante erbacee invece l'epidermide è l'unico tegumento. Le sue cellule non presentano cloroplasti e si presenta quindi come lamina trasparente per permettere alla luce di penetrare nei tessuti clorofilliani dedicati alla fotosintesi. I tessuti epidermici regolano l'eccessiva traspirazione idrica tramite una cuticola impermeabile, formata da cutina, e impediscono inoltre i passaggi di sostanze gassose, questa funzione è infatti svolta dal sistema stomatico.

Rizoderma: è il tessuto tegumentale primario dell'apparato radicale che determina l'assorbimento dell'acqua. È molto differente e complesso per ogni specie ma ciò che accomuna tutti i rizodermi è l'assenza di cutina (sostanza impermeabile) che rende le cellule capaci di assorbire l'acqua. Spesso forma i peli radicali che aumentano notevolmente la superficie di assorbimento.

Esoderma: è un tessuto tegumentario delle radici. Le radici penetrando nel suolo vanno incontro ad attriti e sfaldamento quindi le cellule del rizoderma che si distaccano vengono sostituite da cellule vicine che si trasformano producendo una sostanza più resistente e rinforzando così l'apparato radicale.

Endoderma: è un tessuto tegumentario interno presente in radici, rizomi e fusti di piante acquatiche. Forma la cosiddetta banda del Caspary e possiamo considerarlo come un filtro che impedisce alle sostanze non desiderate di essere assorbite.

Periderma: è il tessuto che avvolge il fusto ed ha origine dai meristemi secondari ovvero dal cambio suberofellodermico o fellogeno. L'attività di quest'ultimo porta alla formazione verso l'interno di felloderma (tessuto parenchimatico, vedi più avanti) e verso l'esterno porta all'accumulo di cellule morte ricche di suberina e altre sostanze impermeabili che compongono il sughero ovvero il rivestimento del fusto della pianta.

I tessuti conduttori costituiscono quello che è il sistema vascolare della pianta e permettono il trasporto della linfa, grezza e lavorata, verso i diversi distretti. Percorrono tutta la pianta fino alle foglie dove formano le nervature e i reticolati che possiamo vedere a occhio nudo. Questi vasi hanno origine dal meristema secondario detto cambio cribro-vascolare e si suddividono in due categorie: xilema e floema.

Xilema: detto anche *legno* è il tessuto che trasporta l'acqua assorbita dalle radici fino alle foglie. Questa soluzione di acqua e sali minerali assorbita dal terreno prende il nome di linfa grezza. Lo xilema è un tessuto super efficiente e riesce a svolgere la sua funzione anche in piante molto alte come le sequoie che possono superare anche i 100 metri di altezza.

Floema: questo tessuto chiamato anche *libro* è un sistema di vasi che trasporta la linfa elaborata, ovvero ricca di zuccheri, dalle foglie mature a tutta la pianta fornendo il nutrimento necessario allo sviluppo dell'organismo come ad esempio le giovani foglie, i semi, i frutti, le gemme, le radici. Talvolta queste sostanze nutritive sintetizzate dalla pianta vengono stoccate in organi specializzati (come i rizomi per esempio) e trasportate all'occorrenza attraverso i vasi floematici alla destinazione necessaria.

Tessuti parenchimatici e Tessuti meccanici

I parenchimi sono tessuti di riempimento, i più abbondanti nella pianta, e sono classificati in base alle funzioni che svolgono. In genere sono formati da cellule molto attive metabolicamente e con funzioni prevalenti ben definite. I parenchimi possono essere clorofilliano, di riserva, acquifero, aerifero, conduttore (orizzontalmente) e di trasporto (piccole molecole a breve distanza). Tra i tessuti meccanici troviamo invece il collenchima che dà plasticità alla pianta e lo sclerenchima che le conferisce elasticità.

Tessuti secretori e ghiandolari

Tra i tessuti adulti troviamo i tessuti secretori a cui dedichiamo un capitolo specifico dato il ruolo di interesse che rivestono nella profumeria. I **tessuti secretori** sono tessuti atti a conservare e rilasciare sostanze speciali utili all'ecologia della pianta permettendole di comunicare con l'ecosistema (difendersi, riprodursi, curarsi). Questi tessuti son formati da gruppi di cellule diversamente organizzate con grossi vacuoli per immagazzinare all'interno o cedere in uno spazio fuori dalla cellula il loro contenuto (oli essenziali, latici, resine, balsami). Sono i tessuti vegetali più importanti per il profumiere. Si presentano con diverse organizzazioni e possono essere a secrezione interna o esterna alla pianta. I tessuti a **secrezione esterna** hanno origine dall'epidermide mentre quelli a **secrezione interna** hanno origine dal parenchima. Si possono presentare anche come singole cellule o peli secernenti oppure prendono la forma di canali o cavità. Le cellule di questi tessuti sintetizzano ed accumulano prodotti organici di vario tipo in particolare gli oli essenziali, le resine, le oleo-resine ma anche sostanze farmacologicamente attive, nettare ed enzimi.

Tessuti a secrezione esterna

I tessuti a secrezione esterna sono cellule epidermiche, peli ghiandolari o nettari e hanno origine tutti dall'epidermide.

Cellule epidermiche

Le cellule epidermiche sono riscontrabili nei petali delle piante e possono essere **ad essenza** come nel caso della rosa, del gelsomino e della tuberosa, oppure **a resine** o **a oleoresine** come nel caso delle gemme di Ribes utilizzate in profumeria.

Peli ghiandolari

I peli ghiandolari o **tricomi ghiandolari** possono essere formati da una o più cellule, di solito tutte le cellule del tricoma sono secernenti e rilasciano il secreto o direttamente all'esterno come nei **peli capitati** o in uno spazio contenitivo come nel caso dei **peli peltati**. Nelle labiate, una famiglia importantissima per la profumeria, troviamo i peli peltati diversamente organizzati come nel caso di *Mentha*, *Salvia* e altre. Questi tricomi specializzati si presentano con una **testa** formata da diverse ghiandole secernenti rivestite da una spessa cuticola che forma una membrana chiusa. Gli oli essenziali si accumulano al di sotto di questa membrana occupando lo spazio tra le cellule e la cuticola. Questa cuticola può rompersi e riversare il suo contenuto all'esterno. È fondamentale conoscere il meccanismo di secrezione degli oli essenziali, specifico in ogni pianta, perché questo determina le procedure di taglio e lavorazione che devono facilitare la liberazione degli oli al momento dell'estrazione e non disperdere parte dell'essenza.

Oltre a questi tessuti di origine epidermica citiamo i peli urticanti, i peli delle piante carnivore atti a digerire la preda, i nettari fiorali e quelli extrafiorali.

Tessuti a secrezione interna

I tessuti a secrezione interna possono essere più o meno organizzati, in genere il loro contenuto è riversato o contenuto in parti specifiche della pianta anche se in piante come le conifere troviamo i tessuti secretori di resine in quasi tutti gli organi.

I tessuti secretori interni hanno origine dal parenchima e si possono suddividere in cellule ad essenza, tasche o sacche e dotti resiniferi.

Cellule ad essenza

Sono **idioblasti** ovvero cellule diverse per struttura e funzioni dal tessuto in cui si trovano in questo caso secernono e accumulano essenze e possiamo identificarle in cortecce, foglie, fusti o rizomi. Sono un esempio gli idioblasti secretori della corteccia della cannella o quelli delle radici di vetiver.

Dotti resiniferi

I dotti resiniferi sono molto diffusi in quasi tutti i tessuti delle piante resinifere, come le conifere. Questi canali sono rivestiti internamente dalle cellule secretrici vive che producono e rilasciano la resina nel lume dei dotti, sono delimitati da una guaina con pareti ispessite. In seguito a lesione il dotto rilascia la resina grazie alla differenza di pressione che può arrivare anche a 20 Bar.

Tasche o sacche

Queste strutture secretrici sono solitamente poste in prossimità di organi più esterni della pianta come epicarpo dei frutti o foglie. Possono avere origine dall'allontanamento delle cellule adiacenti che vanno a formare degli spazi tra le cellule nelle quali viene riversato il secreto, in questo caso prendono il nome di **tasche schizogene**. Queste sono caratteristiche in diversi generi della famiglia *Myrtaceae* come eucalipto e mirto. Se invece si originano per disgregazione e lisi delle cellule vicine si parla di **tasche lisigene** come nella ruta dove la lisi di specifiche cellule crea una tasca contenitiva. Le sacche secretorie possono avere origine sia per deterioramento che per allontanamento e vengono definite **tasche schizolisigene**. In questo caso al microscopio si presentano come spazi delimitati da cellule contigue all'interno delle quali è contenuta la sostanza di secrezione. Sono caratteristiche nella buccia degli agrumi da cui si estrae, come vedremo poi per spremitura, l'olio essenziale in esse contenuto.

Anatomia Vegetale: gli organi della pianta

L'anatomia vegetale identifica i raggruppamenti dei vari tessuti in organi e ne determina i rapporti di aggregazione. In parole semplici possiamo scoprire con l'anatomia vegetale quali sono gli organi delle piante e qual è la loro funzione.

Per semplificare parliamo in questo capitolo delle cormofite ovvero le piante col fusto ed in particolare delle angiosperme, la suddivisione di piante che presentano il seme protetto, fiori vistosi e sono le piante più evolute[1].

Possiamo suddividere gli organi di una pianta in tre gruppi: **radici**, **fusto** e **foglie**. Tutte le altre sono variabili di queste strutture principali, per esempio il fiore non è altro che una particolare specializzazione della foglia ovviamente con la sua meravigliosa individualità. Questo raggruppamento generale introduce alla forma e funzione del relativo organo e le caratteristiche comuni alla maggior parte delle angiosperme. Ogni specie avrà però delle caratteristiche peculiari che saranno anche quelle che morfologicamente ci aiutano a determinarle

Radici

Sono gli organi della pianta deputati all'assorbimento di acqua e nutrienti. Quest'organo può avere inoltre diverse funzioni come quella di ancoraggio, di produzione di fitormoni e di riserva.

In generale un apparato radicale presenta una radice principale dalla quale si dipartono numerose radici secondarie definite anche ramificazioni radicali. In ogni radice possiamo identificare una zona apicale detta cuffia o caliptra, una zona liscia d'accrescimento

---

[1] Questa classificazione si adatta alle finalità conoscitive di questo manuale. Per approfondire la nuova classificazione si rimanda alla biblio/sitografia allegata e a quella specifica sulle angiosperme APG IV.

ed una zona pilifera (da non confondere con le radici secondarie) composta da peli radicali atti ad aumentare la superfice assorbente.

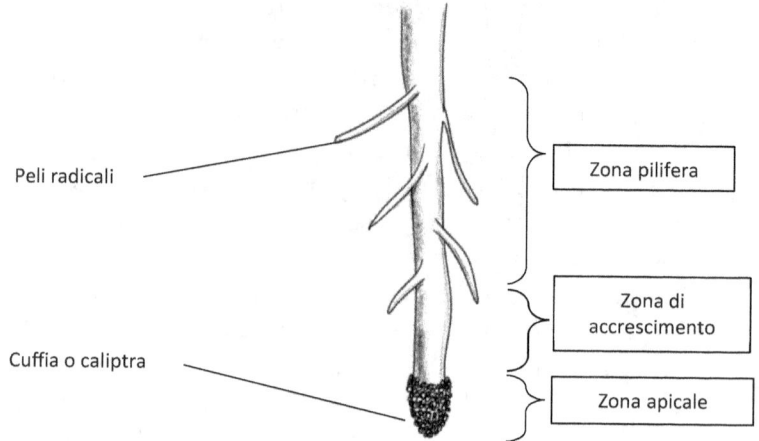

Peli radicali

Cuffia o caliptra

Zona pilifera

Zona di accrescimento

Zona apicale

Figura 2 – Struttura generica della radice

Possiamo distinguere le radici a seconda della forma e della ramificazione:

Radice a fittone – parte dalla base del fusto, assume una forma predominante e prosegue perpendicolarmente al terreno (es. Carota).

Radice fascicolata – la radice principale non ha forma predominante e dalla base del fusto si diramano numerose radici di forma e grandezza simili (es. Vetiver)

Radice tuberiforme – dal colletto della pianta la radice si ingrossa in forme ovoidali con funzione di riserva di numerose sostanze nutritizie. Da non confondere con tuberi e rizomi che sono delle trasformazioni ipogee del fusto che vedremo successivamente.

Fusto

Il fusto è l'apparato di sostegno e di trasporto, produce inoltre gli organi laterali e talvolta ha funzione di riserva in forma di tuberi, di bulbi o di rizomi. L'inserzione delle foglie sul fusto determina l'alternanza in nodi e internodi. Il fusto porta le gemme a diverse altezze dal suolo ma anche nelle sue morfologie ipogee che hanno la capacità di propagazione vegetativa (questa è la differenza principale con gli apparati radicali che invece non portano le gemme). Nonostante la complessa variabilità morfologica ed istologica e l'organizzazione tra fusti primari e secondari, possiamo definire tre organizzazioni generiche dei fusti: zona tegumentale, zona corticale e zona del cilindro centrale. Alcune forme sono caratteristiche di specifiche famiglie, nel caso delle labiate (salvia, timo, menta, ecc.) la sezione del fusto si presenta quadrangolare fatta eccezione per alcune specie come il rosmarino.

Come specificato le morfologie del fusto possono essere diverse come anche la loro funzione. Nell'iris il fusto modificato forma il rizoma che ha la funzione di riserva. Quando procediamo all'ottenimento dei componenti olfattivi dal rizoma dell'iris troveremo infatti un elevato contenuto di amido che complica il processo estrattivo.

Foglie

La foglia è un organo laterale del fusto. Le foglie normali anche dette **nomofilli** hanno funzione fotosintetica e traspiratoria e sono formate anatomicamente da una porzione tegumentale, una fondamentale ed una di conduzione con una numerosissima variabilità polimorfica. Oltre ai nomofilli la foglia può specializzarsi in ulteriori organi ed apparati che prendono il nome generale di **fillomi**.

Questi fillomi si suddividono a seconda della forma e del loro ruolo biologico in embriofilli, catafilli, ipsofilli, antofilli e sporofilli.

Tabella 2

Organizzazione anatomica della foglia	
NOMOFILLI	Foglie normali
FILLOMI	Altre forme e funzioni
Embriofilli	Foglie embrionali o cotiledoni
Catafilli	Perule (nelle gemme) Squame (nei bulbi)
Ipsofilli	Brattee fiorali vessillari e protettive
Antofilli	Foglie fiorali (petali e sepali)
Sporofilli	stami (microsporofilli) carpelli (macrosporofilli)

Il fiore

Il fiore è di solito la struttura più appariscente nelle piante. Possiede una sua speciale individualità e una funzione specializzata. Possiamo definirli come parti aeree con funzione riproduttiva nelle angiosperme. Sono in generale composti da quattro cerchi concentrici di foglie modificate (vedi sopra) che compongono i cosiddetti organi fiorali: **sepali, petali, stami** e **carpelli** che si innestano sulla parte del fusto detto **ricettacolo**.

I sepali ed i petali sono definiti organi sterili. I sepali somigliano di più alle foglie e la loro funzione è quella di proteggere la gemma fiorale prima della sua apertura (antesi o fioritura). I petali hanno spesso colori brillanti e forme particolari, recano talvolta dei tessuti di secrezione di molecole aromatiche e la loro funzione è quella di attrarre e richiamare insetti e altri impollinatori.

La parte fertile del fiore è rappresentata da stami e carpelli. Gli stami sono formati da un **filamento** e una struttura apicale detta **antera** che porta i **sacchi pollinici** atti a produrre il polline.

I carpelli sono invece composti alla base da un **ovario** da cui si diparte una sottile struttura tubolare detta **stilo** all'apice del quale si trova lo **stigma** la cui funzione è quella di intercettare il polline e farlo penetrare fino all'ovario dove avverrà la fecondazione. A seguito della fecondazione si formeranno i semi e le diverse forme di frutto per proteggerli e/o diffonderli nell'ambiente.

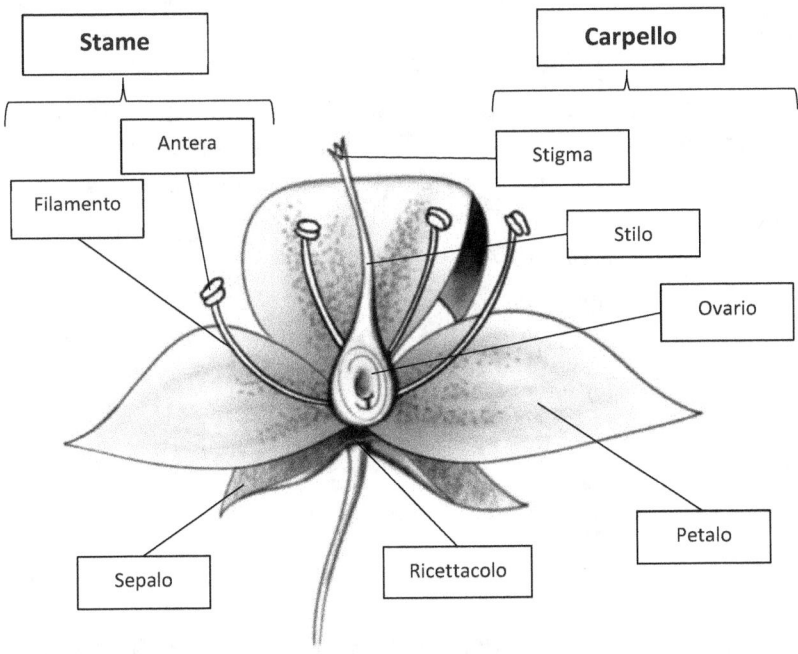

Figura 3 – Struttura di un fiore con antofilli e sporofilli.

Classificazione delle piante

Da sempre gli studiosi hanno cercato di classificare gli esseri viventi riunendoli per caratteristiche comuni in gruppi identificativi. A *C. Linneo* (L.) dobbiamo la nascita della classificazione moderna con la pubblicazione nel 1735 *Systema naturae* con la quale cercò di organizzare le varie specie, riunendole in base alle **caratteristiche morfologiche** in comune. Questo sistema è stato costantemente rielaborato e rivisto fino alle teorie evoluzionistiche di *C. Darwin* grazie alle quali poi si è considerata la **discendenza filogenetica** tra le diverse specie che trova oggi conferma nello studio e codifica del genoma.

Con il sistema della nomenclatura linneana ogni organismo viene inserito in una serie di gruppi tassonomici, detti *taxa*, ordinati gerarchicamente dal più generico a quello più specifico.

Le categorie classiche nelle quali si inseriscono i taxa sono le seguenti:

- *Dominio*
- *Regno*
- *Divisione*
- *Classe*
- *Ordine*
- *Famiglia*
- *Genere*
- *Specie*

Queste categorie presentano ulteriori sottolivelli di classificazione come nella **classificazione Cronquist** per le angiosperme.

La nomenclatura della specie si identifica attraverso il **genere** e la **specie** (nel caso la sottospecie o la varietà), seguito per convenzione dal nome dell'autore che ha classificato per primo l'organismo e talvolta anche quello di chi lo ha riclassificato.

Per determinare invece e riconoscere l'organismo vivente, nel nostro caso la pianta, ci si basa su quelle che sono definite **chiavi**

dicotomiche ovvero delle descrizioni che ci guidano nel riconoscimento attraverso la scelta di una tra due discriminanti.

Attualmente la classificazione scientifica delle piante a fiore (angiosperme) è basata sull'ultima versione del sistema filogenetico molecolare **APG IV**.

Di seguito vediamo un esempio di classificazione del gelsomino sambac utilizzato anche in profumeria.

Classificazione APG IV
Dominio	Eukaryota
Ordine	Lamiales
Famiglia	Oleaceae

Classificazione Cronquist
Dominio	Eukaryota
Regno	Plantae
Sottoregno	Tracheobionta
Superdivisione	Spermatophyta
Divisione	Magnoliophyta
Classe	Magnoliopsida
Sottoclasse	Asteridae
Ordine	Scrophulariales
Famiglia	Oleaceae
Genere	*Jasminum* L.
Specie	*J. sambac*

Nomenclatura binomiale
Jasminum sambac (L.) Aiton, 1789

Profumeria applicata

Fitochimica delle piante da profumo

I metaboliti secondari

In tutte le cellule, comprese ovviamente quelle vegetali, avvengono continue reazioni biochimiche che portano alla produzione di nuove sostanze necessarie alla vita della cellula stessa e dell'organismo, questo processo è chiamato metabolismo. Le sostanze prodotte sono dette metaboliti. Nel caso delle piante sono definiti metaboliti secondari tutti quei prodotti del metabolismo che non hanno un ruolo immediato nel mantenimento della vita o nello sviluppo cellulare ma che vengono conservati e rivestono funzioni ecologiche relative alla sopravvivenza della pianta stessa (per esempio attrarre gli insetti o difendersi dagli erbivori). Considerate in passato sostanze di scarto per le piante, solo oggi se ne ipotizza la funzione (vedi tabella 1). In realtà l'uomo le ha sempre utilizzate a scopi medicamentosi e farmaceutici poiché molte di queste sostanze interagiscono con le cellule animali e con i loro recettori. Morfina, cocaina, caffeina, cannabinoidi, chemioterapici come la vincristina o il taxolo ben studiati in ambito farmacologico, sono solo un piccolissimo esempio di princìpi attivi comunemente noti derivati dalle piante. Anche tutti quei pigmenti che colorano i petali dei fiori e dei frutti e le sostanze che contribuiscono a definire l'odore delle piante, come le molecole volatili degli oli essenziali, sono metaboliti secondari.

La **fitochimica** è la scienza che studia la chimica delle piante e i processi biochimici che portano alla formazione dei vari metaboliti secondari. All'interno delle cellule vegetali vengono identificate tre vie principali di biosintesi dei composti chimici: la via dell'**acetato**, la via del **mevalonato** e la via dello **shikimato**.

Queste tre vie sono alla base della formazione di diverse classi di composti chimici fondamentali per il profumiere. Il loro nome deriva della molecola iniziale che dà il via alla trasformazione mediata da reazioni chimiche ed enzimatiche all'interno della cellula vegetale.

| Acetil Coenzima A | Acido Mevalonico | Acido Shikimico |

La via dell'acetato dà luogo alla formazione di molecole note come acidi grassi e di polichetidi. Gli acidi grassi nel regno vegetale si formano da un precursore comune derivato dalla fotosintesi, l'Acetil CoA e compongono in miscela eterogenea od omogenea gli oli, le cere ed i grassi vegetali. I polichetidi sono invece macromolecole con proprietà antibiotiche, antimicotiche o immunosoppressive largamente note ed utilizzate in medicina (eritromicina, claritromicina, amfotericina, ecc.). In profumeria la biosintesi dei polichetidi è importante da conoscere poiché porta alla formazione dell'acido orsellinico, un fenolo di natura polichetidica precursore di numerose molecole odorose. Infatti, dalla via dell'acetato si formano, passando per l'acido malonico, anche alcuni **fenoli**, la maggior parte dei quali però deriva dalla via dello shikimato. Questo ci indica che le vie metaboliche secondarie all'interno del regno vegetale possono incrociarsi e intervenire diversamente per la produzione di molecole specifiche.

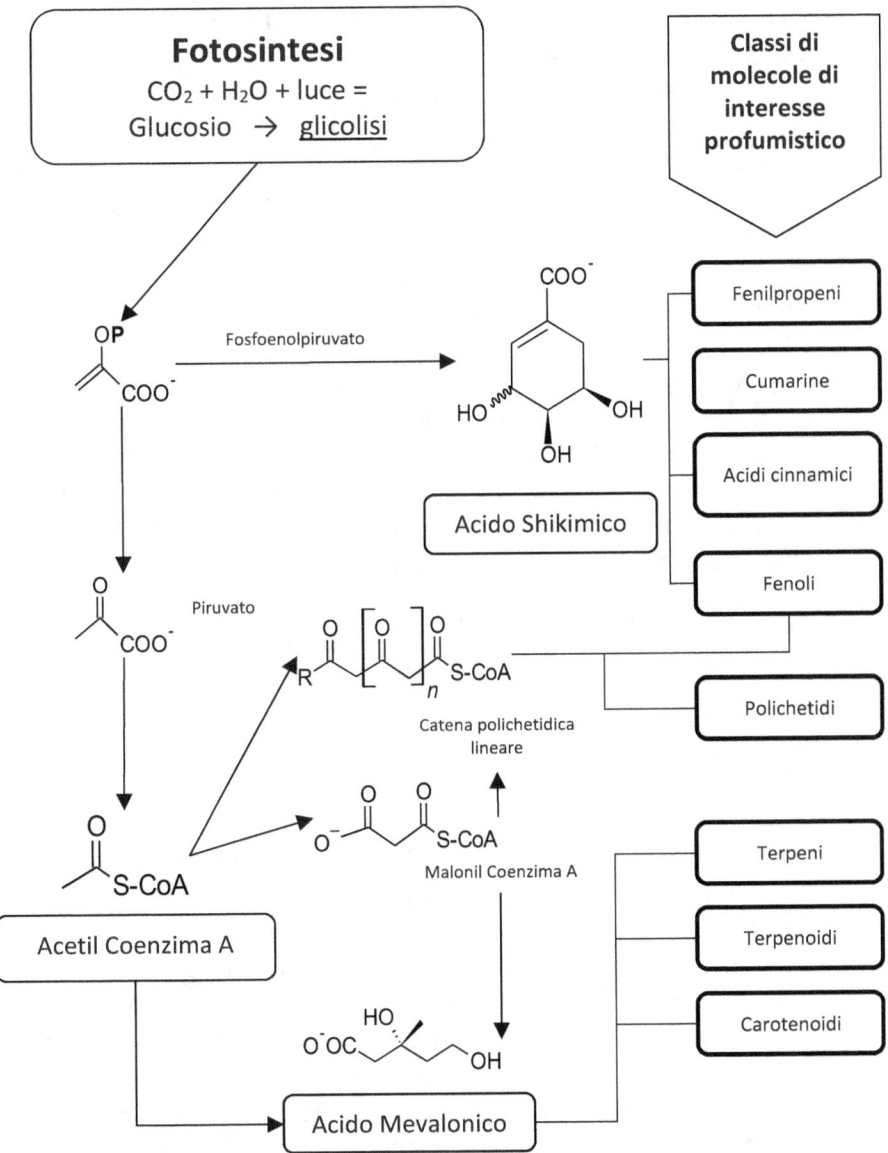

Figura 4 – Vie metaboliche secondarie e relativi gruppi di molecole di interesse profumistico

Una via molto importante del metabolismo secondario, per quanto riguarda la profumeria, è quella dell'acido mevalonico che contribuisce alla formazione dei **terpeni**, i maggiori costituenti degli oli essenziali. Per la via dell'acido mevalonico si formano anche i carotenoidi dai quali, per degradazione vengono prodotti in natura composti come i **damascenoni** e **iononi**. Anche la già citata via dello shikimato è di interesse fondamentale per il profumiere poiché da qui derivano numerose molecole quali i **fenilpropeni**, le **cumarine** e gli **acidi cinnamici**.

Molti metaboliti secondari sono specifici per alcune famiglie o gruppi di piante, lo studio della **chemiotassonomia** contribuisce perciò a determinare la classificazione di una pianta in base alla composizione chimica. Nel mondo vegetale si possono trovare costituenti simili in famiglie o generi di piante vicini, la variabilità di questi costituenti chimici è legata alla presenza e all'attività di alcuni enzimi ed è quindi anche di natura genetica. Alcuni costituenti invece sono ubiquitari ed altamente diffusi in tutto il regno vegetale.

Variabilità dei metaboliti secondari nelle piante da profumo

Il contenuto di metaboliti secondari nelle piante dipende da diversi fattori, questi influenzano anche la quantità e la qualità degli estratti finali. Possiamo suddividere queste cause in due gruppi, i fattori **endogeni** che dipendono dalle caratteristiche genetiche della pianta e quelli **esogeni** o ecologici ovvero riconducibili all'ambiente in cui la pianta cresce e si sviluppa.

I fattori endogeni

Come detto sono tutti quei fattori di natura ereditaria che riguardano il patrimonio genetico della pianta e come questo si manifesta cioè il fenotipo.

La **selezione** naturale tenderà a favorire gli individui che più si adattano all'ambiente i quali nel corso delle diverse generazioni rafforzeranno caratteri peculiari che ne permettono la crescita e la riproduzione in maniera efficace.

La selezione indotta dall'uomo avviene con la coltivazione delle piante, alimentari, officinali o da profumo, portando avanti le generazioni più redditizie e resistenti alle colture. Questo favorisce ad esempio la produzione elevata di metaboliti secondari o di essenza massimizzando la resa.

Mutazioni e poliploidia sono alterazioni genetiche ereditabili che avvengono nel genoma delle piante e possono coinvolgere sia il DNA che il numero di cromosomi della pianta.

Talvolta queste mutazioni possono anche essere stimolate artificialmente per produrre organismi con caratteristiche accentuate.

Ad esempio, in *Mentha piperita* si è notato come un aumento dei cromosomi cellulari possa aumentare del 30-40% il contenuto di olio essenziale nelle foglie ed anche la quantità di mentolo presente. Queste modificazioni non sempre danno i risultati sperati infatti ci vogliono diversi tentativi per ottenere un OGM con caratteristiche precise attraverso numerose tecniche che spaziano dai trattamenti con sostanze chimiche, a quelli fisici con radiazioni X, α o γ, ultravioletti fino alle più moderne biotecnologie di trasferimento di sequenze geniche.

L'ibridazione è un processo che coinvolge due differenti specie, popolazioni, cultivar o varietà di piante che incrociano il loro patrimonio genetico per formare una progenie ibrida che avrà caratteristiche differenti rispetto alle specie d'origine. In profumeria ritroviamo spesso specie vegetali ibride ottenute per migliorare resa o caratteristiche specifiche di alcuni estratti.

La lavanda è un esempio molto comune di tale processo, negli anni '50 del XX secolo per sopperire alle esigenze del mercato dei detergenti venne ampiamente coltivato l'ibrido *Lavandula* x *intermedia*, meglio conosciuto come Lavandino, ottenuto incrociando *L. angustifolia* e *L. latifolia*[2]. Dal punto di vista chimico l'olio essenziale di lavandino presenta un profilo terpenico molto differente ed un alto contenuto in canfora. Uno studio condotto nel 2018 sulla stagionalità della raccolta ha evidenziato invece come il lavandino raccolto nel periodo estivo presenti un maggior contenuto di Linalyl acetate rispetto a quello raccolto in autunno.

Questo ci permette di introdurre un altro fatto fattore fondamentale: il **tempo balsamico.** Ogni pianta ha un periodo specifico nel quale il contenuto di metaboliti secondari è massimo, perciò la raccolta della droga vegetale deve corrispondere con il tempo balsamico specifico che varia in funzione di diversi aspetti:

- organo della pianta (fiore, radici, corteccia, ecc.)
- età della pianta
- ciclo vitale della pianta
- condizioni metereologiche
- ora del giorno

Quest'ultima variabile è fondamentale per numerose piante da profumo, il gelsomino per esempio viene raccolto nelle ore più fresche perché il suo contenuto in essenza è massimo.

Nel caso degli agrumi ci saranno differenti tempi balsamici relativi al tipo di droga vegetale che bisogna raccogliere: le foglie, i fiori o la scorza dei frutti acerbi o di quelli maturi. Si possono ottenere queste informazioni in gran parte dalla letteratura scientifica relativa alla specie in esame ma anche dall'esperienza dei coltivatori, degli essenzieri e della tipologia di estratto che si vuole ottenere.

---

[2] National Non-Food Crops Centre. "Lavender" Archived 2009-11-16 at the Wayback Machine. Retrieved on 2009-04-23.

Fattori esogeni

I fattori esogeni che modificano il contenuto di metaboliti secondari nelle piante riguardano gli aspetti ecologici ed ambientali nei quali la pianta cresce e si sviluppa. Questi fattori possiamo identificarli come segue:

Fattori climatici: luce, temperature, disponibilità d'acqua, latitudine e altitudine.

Caratteristiche del substrato: umidità, temperatura, composizione chimica e pH del terreno.

Relazioni biotiche: simbiosi con altre specie animali, vegetali o fungine, difesa da predazione, attrazione degli impollinatori o competizione tra specie vegetali.

Tutte queste caratteristiche, anche nell'ambito della stessa specie, porteranno ad una variabilità quali-quantitativa nella composizione degli estratti finali che vorremo ottenere.

È questo il motivo per il quale gli estratti di vetiver sono identificati con diversi nomi specifici, ognuno con peculiarità quali-quantitative chimiche diverse e profilo olfattivo specifico. Infatti, l'estratto di Vetiver Haiti sarà diverso dal Vetiver Java e da quello Bourbon pur trattandosi tutti di un estratto delle radici della specie *Chrysopogon zizanioides* o Vetiver.

Inoltre, anche lo stesso prodotto, dello stesso territorio o addirittura dello stesso produttore può subire variazioni date dall'annata di raccolta o di produzione.

Vedremo successivamente come può variare ulteriormente, sia in modo positivo che negativo, la materia prima da profumeria, ovvero l'estratto, in relazione alla raccolta, ai trattamenti, ai metodi e alla conservazione, pre- e post- estrazione.

Classificazione dei metaboliti secondari di interesse profumistico

Terpeni e terpenoidi

I terpeni e i terpenoidi sono un ampio gruppo di biomolecole di fondamentale importanza per la profumeria, si trovano infatti numerosi negli oli essenziali definendone profilo e qualità. La loro struttura possiamo schematizzarla indicativamente come basata da più unità isopreniche. L'isoprene è una molecola a cinque atomi di carbonio (C-5) con due doppi legami ed un gruppo metilico (2-metil-1,3-butadiene) che si origina dalla via classica dal mevalonato[3]. In generale, come segue, identifichiamo una "testa" ed una "coda" in quella che è l'unità isoprenica

Isoprene

I terpeni, per facilità, si classificano in base al numero di atomi di carbonio che saranno un multiplo di 5 (unità isoprenica C-5) come nella tabella 3 di seguito

---

[3] Dal punto di vista biogenetico i precursori sono due isomeri IPP e DMAPP che si uniscono per dar luogo al Geranil difosfato (GPP) e il Farnesil difosfato (FPP) dai quali avranno origine le diverse strutture.

Tabella 3

Classificazione dei terpeni e terpenoidi in base al loro numero di atomi di carbonio		
Atomi di carbonio totali	Unità isopreniche C-5	Denominazione
5	1	Emiterpeni
10	2	Monoterpeni
15	3	Sesquiterpeni
20	4	Diterpeni
25	5	Sesteterpeni
30	6	Triterpeni
40	8	Caroteni
Catena polimerica	n	Gomme naturali

Monoterpeni (C_{10})

Si trovano negli oli essenziali di numerosissime piante, la loro struttura può essere ciclica, biciclica o aciclica e di natura diversa in base al gruppo funzionale che li caratterizza (alcoli, chetoni, aldeidi, ecc.). Questa ulteriore classificazione è molto utile al profumiere, di seguito i principali monoterpeni classificati per gruppo funzionale con alcuni esempi generici di piante da profumo in cui si possono trovare.

Sesquiterpeni (C_{15})

Questi terpeni a 15 atomi di carbonio sono diffusissimi in natura e insieme ai monoterpeni sono di fondamentale importanza per il profumiere. Li ritroviamo numerosi negli oli essenziali e possiamo classificarli in base al loro gruppo funzionale.

MONOTERPENI

IDROCARBURI ALIFATICI MONOTERPENICI

| β-Mircene | | Verbena, Artemisia, Basilico, Canapa, Canaga, Citronella, Neroli |

| Ocimene | | Basilico, Ferula, Neroli |

| Limonene | | Limone, Salvia, Bergamotto |

| α-Pinene | | Achillea, Camomilla, Cannella, Eucalipto, Pino, Rosmarino |

ALCOLI MONOTERPENICI

Linalolo		Lavanda, Bergamotto, Artemisia, Basilico, Legno Di Rosa
Geraniolo		Artemisia, Cassia, Citronella, Geranio, Palmarosa, Rosa
Nerolo		Arancio, Bergamotto, Salvia Sclarea
Mentolo		Menta, Basilico
Mircenolo		Lavanda, Champaca
Borneolo		Rosmarino, Eucalipto, Timo

ALDEIDI MONOTERPENICHE

Citrale

Melissa, Artemisia,
Limone

Citronellale

Melissa, Citronella,
Limone, Eucalipto

CHETONI MONOTERPENICI

Carvone

Carvi, Menta

Piperitone

Artemisia, Achillea,
Pepe

Tujone

Tanaceto, Tuia, Arte-
misia

Pinocanfone

Issopo, Salvia

Canfora

Canfora

ETERI E LATTONI MONOTERPENICI

Eucaliptolo

Eucalipto

Rose Oxide

Rosa

Linalool Oxide

Mela, Coriandolo

ESTERI ACETICI MONOTERPENICI

Acetato Di Geranile

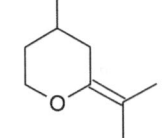

Galanga, Semi Di Carota, Citronella Salvia Sclarea

Acetato Di Linalile

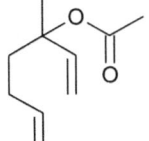

Lavandino, Bergamotto, Salvia Sclarea, Lavanda, Maggiorana, Cardamomo

Bornil Acetato

Angelica, Artemisia,
Calamo, Cisto,
Abete, Rosmarino

Neril Acetato

Elicriso, Artemisia,
Salvia Sclarea

SESQUITERPENI

IDROCARBURI ALIFATICI SESQUITERPENICI

Farnesene		Timo, Balsamo del Perù, Balsamo del Tolù
Cadinene		Ginepro
cedrene		Cedro, Cipresso
Santalene		Sandalo, Lavandino
β-cariofillene		Origano, Basilico, Cananga, Calamo, timo, Ylang ylang

bisabolene Semi di Carota,
Camomilla

ALCOLI SESQUITERPENICI

Farnesolo Cananga, fiori
d'arancio, Tiglio,
Balsamo del Perù,
Gelsomino

Nerolidolo Cardamomo, Guava,
Arancio, Timo

Santalolo Sandalo, Salvia sclarea

Cedrolo Cedro

Guaiolo

Legno di Guaiaco,
Cipresso

Esteri acetici sesquiterpenici

Cedril acetato

Cedro

Guail acetato

Legno di Guaiaco

Vetiveril ace-
tato

Vetiver

Diterpeni (C_{20})

Tra i diterpeni presenti negli oli essenziali citiamo il geranilgeraniolo e in particolar modo lo **sclareolo** ampiamente presente nel genere Salvia, tipico in *Salvia sclarea*. Questo composto come tale si presta, anche se in minor misura, alla composizione di basi ricostruite di Salvia. In realtà il suo ruolo più importante è come precursore nella sintesi del nafto-furano ambragrigia, più noto con i nomi commerciali di Ambroxan®, Amberlyn® o Ambrox®. Queste sono materie prime stabili e performanti che danno una nota fortemente ambrata nelle formulazioni.

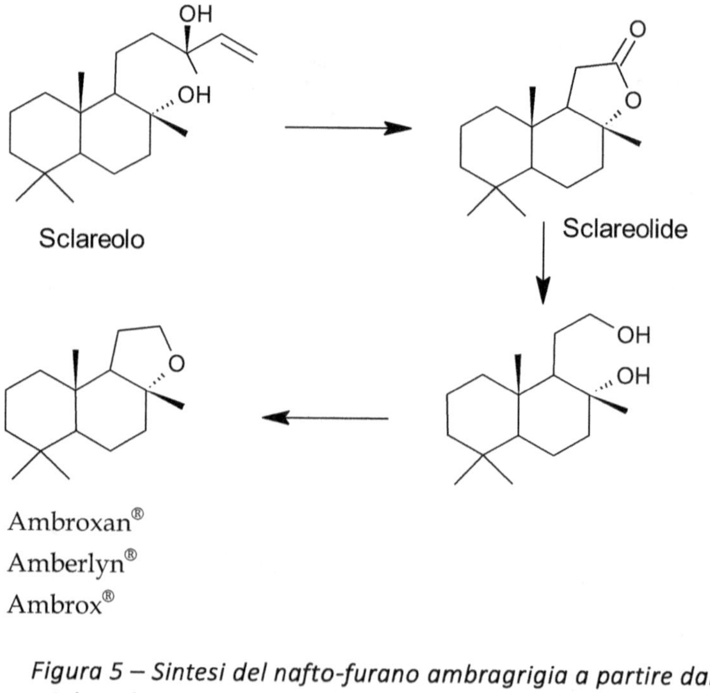

Sclareolo

Sclareolide

Ambroxan®
Amberlyn®
Ambrox®

Figura 5 – Sintesi del nafto-furano ambragrigia a partire dallo Sclareolo

Caroteni (C₄₀)

Anche questi composti sono importanti in profumeria, non tanto perché utilizzabili come tali ma perché alcune molecole di interesse profumistico vengono prodotte in natura grazie a questi composti. La degradazione dei caroteni porta infatti alla formazione di composti molto conosciuti in profumeria ovvero gli **ionoi** e i composti correlati come **damascenoni** e **ironi**. Queste molecole sono oggi ottenute per sintesi chimica a partire rispettivamente dal citrale, dal metil-ciclogeranato e dall'α-pinene.

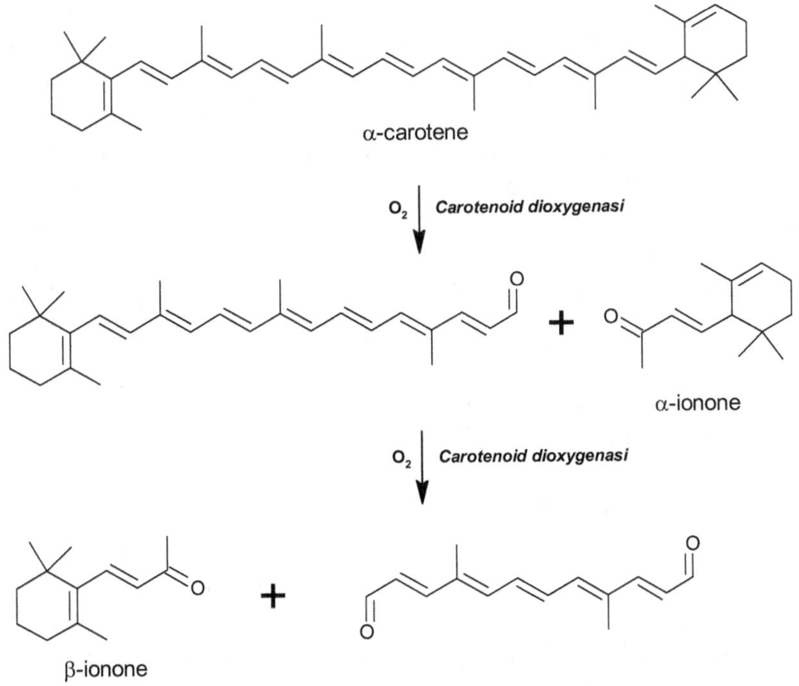

Figura 6 – *Formazione di ionoi dalla degradazione dell'α-carotene ad opera dell'enzima Carotenoide-diossigenasi della famiglia delle ossidoriduttasi*

Fenoli

I fenoli sono una classe di molecole accomunate dalla presenza di un anello benzenico aromatico e almeno un gruppo ossidrile (-OH).

Fenolo

I fenoli sono ampiamente rappresentati in natura e possiamo trovarli numerosi negli oli essenziali. Sono molecole importanti, utilizzate in profumeria sia come tali che come precursori sintetici. La maggior parte dei composti fenolici nelle piante deriva dalla via dello shikimato dove l'acido shikimico viene trasformato da reazioni enzimatiche in numerosi composti. Per il profumiere le classi di fenoli naturali più importanti da tenere in considerazione sono gli **acidi fenolici** e i **fenilpropanoidi,** che comprendono i **fenilpropeni** gli **acidi cinnamici** e le **cumarine**.

Aldeidi Fenolate e Acidi Fenolici
Sono tra i fenoli più semplici e presentano uno scheletro base di C_6-C_1.

Gli acidi fenolici più diffusi in natura sono il p-idrossibenzoico, l'acido vanillico, l'acido siringico e l'**acido salicilico**. Quest'ultimo per esterificazione può legarsi ad altre molecole dando luogo a composti molto importanti per la profumeria come il **benzilsalicilato** (Gelsomino e Ylang-ylang), il **metilsalicilato** (Gaultheria e Tuberosa), amilsalicilato, esilsalicilato e altri salicilati.

Acido salicilico

Benzil salicilato

Salicilato di metile

Fanno parte di questo gruppo anche le aldeidi fenoliche o fenolate. L'aldeide salicilica, la p-anisaldeide, la siringaldeide e la **vanillina** sono tra le più importanti nella composizione olfattiva.

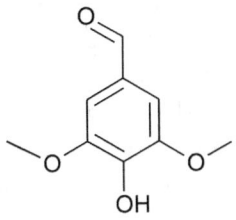

Aldeide salicilica

P-anisaldeide

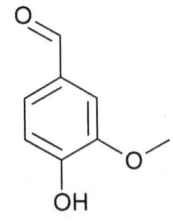

Siringaldeide

Vanillina

Fenilpropanoidi

Fenilpropeni

Questo sottogruppo è rappresentato da alcuni componenti presenti negli oli essenziali come l'**anetolo**, l'**eugenolo** e la **miristicina** che derivano anch'essi dall'acido shikimico. L'anetolo si ritrova negli oli essenziali di diverse *Apiaceae* come il finocchio (*Foeniculum vulgare* L.) e l'anice (*Pimpinella anisum* L.). L'eugenolo è invece uno dei maggiori costituenti dell'olio essenziale di chiodi di garofano, basilico, alloro, cannella e anche nell'essenza di giacinto. La miristicina la ritroviamo nell'olio essenziale di noce moscata e ne determina la caratteristica nota.

Anetolo   Eugenolo   Miristicina

Acidi cinnamici

Questa classe di acidi fenilpropenici ha come precursore la fenilalanina originata dalla via dello shikimato. Il capostipite è l'acido **p-idrossicinnamico** o *p*-cumarico, ubiquitario in tutte piante. Ulteriori reazioni enzimatiche portano alla formazione di molecole derivate molto diffuse in profumeria. Ricordiamo la serie delle **aldeidi cinnamiche** che a loro volta possono essere trasformate in diversi **alcoli cinnamici** sostanze in genere dall'aroma dolce, balsamico e di giacinto che si possono trovare anche in forma esterificata nel balsamo del Perù e nello Storace. Questi alcoli ed aldeidi sono presenti in piccole quantità nelle piante e poco diffusi in natura, vengono perciò prodotti sinteticamente per ottenere anche molecole simili e particolari come l'aldeide ciclamino non presente in natura.

Acido *p*-idrossicinnamico

alcoli cinnamici

aldeidi cinnamiche

Cumarine

Le cumarine sono prodotte dalla ciclizzazione degli acidi *o*-cinnamici e si presentano come la fusione di un anello benzenico e un pirano, ovvero un composto eterociclico che presenta nel ciclo un ossigeno. Da qui il nome della cumarina più semplice ovvero 5,6-benzo-2-pirone o chromen-2-one. Questa molecola è molto usata in profumeria e si rivela il componente di fulcro classico delle composizioni *fougère*.

In natura la ritroviamo in diverse famiglie, in primis nelle *Fabaceae* alla quale appartiene la Fava Tonka (*Dipteryx odorata*) chiamata da alcune popolazioni di nativi sudamericani *Cumaru* o *Cumaruna*. Le cumarine furono estratte per la prima volta proprio da questa specie che ne determinò anche il nome comune.

cumarina

Indolo

Un discorso a parte va fatto per l'indolo una molecola eterociclica a due anelli, uno benzenico e l'altro pirrolico ovvero sostituito da un gruppo NH-. Questa molecola viene biosintetizzata, sempre attraverso la via dello shikimato, a partire dall'acido corismico.

Indolo

L'indolo è un precursore del triptofano, un aminoacido fondamentale. In alcune piante il triptofano porterà poi alla produzione di numerosi **alcaloidi** più complessi a nucleo indolico come ad esempio i derivati dell'Ergot, la stricnina, la vincristina e la psilocina.

In profumeria l'indolo lo ritroviamo come componente fondamentale di molti fiori come il gelsomino, il narciso, la magnolia e i fiori d'arancio. La sua nota intensa, animalica e floreale, spesso definita fecale ad alte concentrazioni o in purezza, si rivela fondamentale a basse diluizioni per ricostruire o sostenere le basi floreali di numerose composizioni olfattive.

Fenoli da altre vie metaboliche

Come anticipato alcuni fenoli possono derivare da altre vie metaboliche in particolare da quella dell'acetato. Diverse unità di acetato possono unirsi a formare una **catena polichetidica** che assumerà la struttura ciclica aromatica dell'**acido orsellinico**.

Acido orsellinico

Questo fenolo è il precursore di molecole di interesse olfattivo, in particolare composti mono- e di- benzofuranici presenti nell'assoluta di **muschio di quercia** (*Evernia prunastri*). La via alternativa dei fenoli è presente, infatti, in organismi più semplici come funghi e licheni.

I giasmonati
Abbiamo anticipato che la via dell'acetato promuove la biosintesi degli acidi grassi. Uno di questi è l'acido α-linolenico, un acido grasso polinsaturo che subisce una reazione di ciclizzazione radicalica indotta dall'ossigeno. A questo punto la ciclizzazione porta alla formazione di un ossilipina che prende il nome di **acido giasmonico**. L'acido giasmonico sarà il precursore di altre due fondamentali molecole il **metil giasmonato** ed il **giasmone**.

Queste sono ampiamente rappresentate in natura nelle specie del genere *Jasminum* e rivestono il ruolo di fitormoni e regolatori soprattutto della produzione pollinica, della fioritura e del sistema di resistenza della pianta. Per la profumeria sono molecole fondamentali nella preparazione di diversi bouquet e accordi floreali.

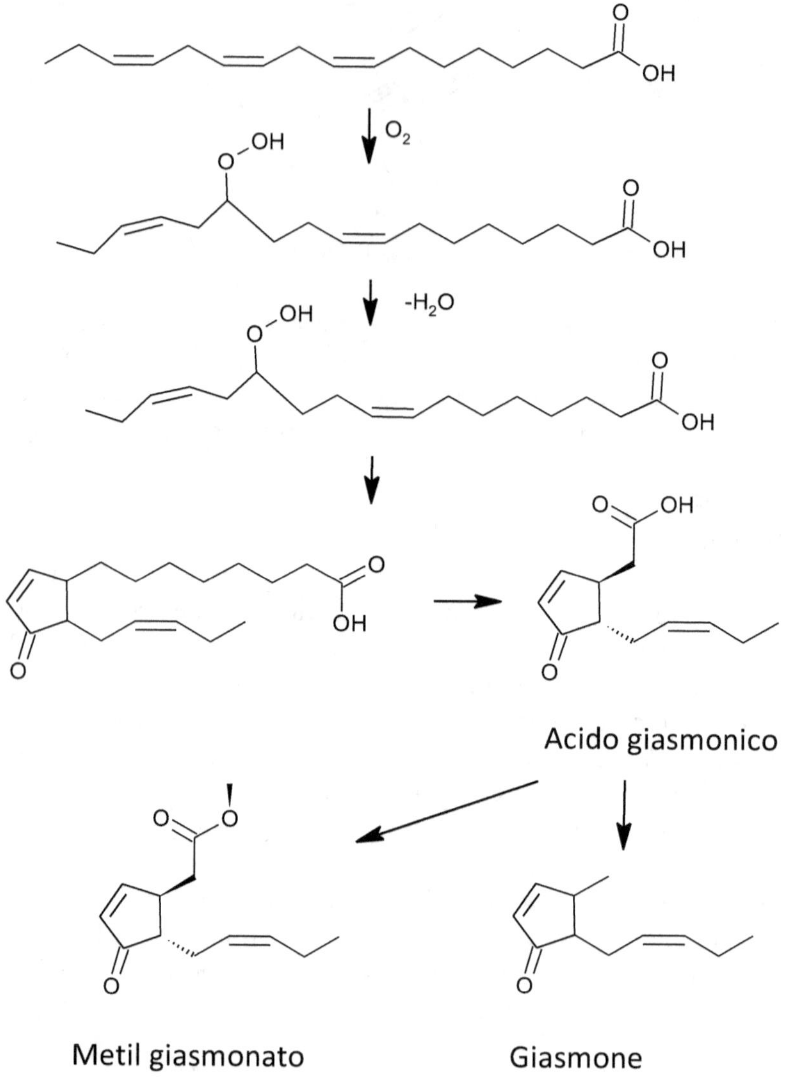

Figura 7 – Ciclizzazione dell'acido α-linolenico e formazione di acido giasmonico e suoi derivati

Molecole naturali e di sintesi

Come abbiamo già visto, dalle molecole presenti nelle piante si possono ottenere per emi-sintesi ulteriori materie prime utilizzate in profumeria. È vero anche che molte molecole volatili presenti in natura possono essere ottenute oggi da precursori sintetici per ragioni di costi, di stabilità o di purezza. Alcune di queste molecole sono presenti in tracce negli oli essenziali oppure hanno una difficile reperibilità o una bassa resa, perciò la sintesi è la via più adatta per produrle. Quando acquistiamo una materia prima pura questa, se presente in natura, può essere sia naturale che ottenuta per via sintetica, perciò troviamo la dicitura "naturale" se questa è ottenuta da fonti organiche naturali mentre "natural identica" è la dicitura per indicare che la molecola, seppur presente in natura, è stata ottenuta attraverso procedimenti di sintesi.

Fin dal XIX secolo la chimica di sintesi ha dato un grande apporto alla profumeria aggiungendo nuove materie prime alla tavolozza del profumiere, il costo di queste sostanze inizialmente era più alto e i derivati sintetici erano molto più esclusivi rispetto a oggi. Questo rendeva i profumi stessi che contenevano molecole di sintesi più costosi e difficili da riprodurre o da copiare. Alla fine dell'Ottocento la chimica di sintesi ebbe la sua espansione grazie allo sviluppo industriale che fu decisivo anche per la cosmetica e la profumeria del XX secolo.

È noto l'emblematico uso delle aldeidi alifatiche di sintesi nel *Chanel n°5* nel 1921 ma in realtà erano già state utilizzate magistralmente nel 1914 in *Le fruit Défendu* da Henri Alméras per "Les Parfums de Rosine" della maison Poiret. Lo stesso Alméras le riutilizzò nel capolavoro *Joy* per Patou.

La profumeria moderna, e quindi la produzione industriale dei profumi, portò così ad un'ulteriore applicazione della ricerca di molecole olfattive sempre più innovative, capeggiata da Firmenich, Givaudan e nella seconda metà del 1900 da IFF.

Nell'ultimo decennio la ricerca di queste grandi aziende si è sempre più avvicinata a quello che è il trend in continua crescita del naturale. La ricerca applicata di materie prime naturali innovative spazia in tre campi fondamentali: la ricerca sul campo di nuove piante e territori di produzione, la ricerca sulle tecnologie estrattive (ibride, standardizzate, sostenibili, ecc.) e le biotecnologie che permettono la biosintesi guidata di molecole a basso impatto ambientale.

In questo senso la conoscenza della fitochimica e della chimica estrattiva è di fondamentale importanza per lo studio della profumeria attuale.

Interazioni chimiche nelle fragranze

Le materie prime utilizzate in profumeria possono subire trasformazioni vantaggiose o meno in relazione a diversi fattori.

Fattori chimici, ambientali e fisici possono trasformare la materia prima o la miscela nella quale questa è inserita, perciò, conoscere le principali interazioni può aiutare lo studente in profumeria a capire quali strategie adottare in fase di miscelazione, diluizione e composizione.

Nella fase di maturazione la maggior parte delle fragranze subisce una serie di trasformazioni che modificano in parte l'aspetto olfattivo complessivo. Queste modifiche riguardano per lo più le interazioni chimiche tra le molecole presenti nella miscela ma possono essere causate anche da aspetti legati alle caratteristiche di conservazione quali acqua, pH, luce, aria e materiali a contatto dei contenitori di stoccaggio.

Formazione degli emiacetali e degli acetali

Questa reazione coinvolge le aldeidi e i chetoni che reagiscono con gli alcoli formando gli **emiacetali** (nel caso dei chetoni si chiamano emichetali). Tale reazione è reversibile e può essere vantaggiosa in profumeria perché permette di armonizzare il preparato olfattivo e di smorzare ed equilibrare note troppo intense o eccessive. Per questo motivo ogni volta che realizziamo una formulazione bisogna valutarla olfattivamente almeno dopo 24 ore e rivalutarla a distanza di una settimana.

La reazione successiva invece porta l'emiacetale a trasformarsi in **acetale** (chetale in caso siano coinvolti i chetoni), ciò invece non è molto conveniente all'interno di una fragranza dato che questa reazione non è facilmente reversibile e rischia di trasformare in modo peggiorativo la composizione o di far perdere completamente le aldeidi e i chetoni in formula. Per non incorrere in questo inconveniente è bene che la preparazione non risulti troppo acida. L'acidità può essere causata per esempio dalla degradazione degli esteri in presenza di acqua. L'uso degli esteri deve essere perciò ben valutato in formulazione.

Basi di Schiff

Le basi di Schiff si formano per condensazione di un'aldeide o un chetone con un'ammina primaria liberando una molecola d'acqua. In profumeria è una reazione molto vantaggiosa che permette di ottenere materie prime particolari e sfumature eccezionali nei preparati. L'ammina più utilizzata a questo scopo è il metil antranilato, l'esempio più chiaro è la reazione con l'idrossicitronellale che forma la base di Schiff detta Aurantinol.

Nel quaderno degli esercizi sono proposti alcuni esperimenti che potete realizzare per ottenere in modo semplice le basi di Schiff.

Materie prime in profumeria

Per materie prime in profumeria s'intendono tutte le sostanze aromatiche naturali o sintetiche utilizzate per la composizione della fragranza (estratti naturali, assolute, basi, ricostruite, aroma chemicals, ecc.). Le materie prime, seppur variabili in contenuti e purezza devono rispondere a degli standard ben precisi ed essere correlate da schede tecniche e di sicurezza che ne permettano l'utilizzo e l'identificazione.

Ogni fornitore è tenuto pertanto a dispensare il materiale informativo e la documentazione che ne certifichi contenuti e termini d'impiego.

Il ricercatore in profumeria e tutti gli addetti allo sviluppo delle formule saranno in grado così di garantire ripetibilità e tracciabilità del prodotto in tutte le fasi di lavorazione.

Un aspetto importante nella ricerca è anche quello di ottenere preparati innovativi o di valutare metodi di ottenimento delle materie prime differenti migliorando, ad esempio, le tecniche estrattive o proponendo vie alternative di sintesi.

In questa parte del libro vedremo come si producono gli estratti naturali e quali sono i metodi migliori e le tecnologie più adatte all'ottenimento di queste materie prime. Inoltre, individueremo anche le caratteristiche qualitative più importanti delle materie prime di sintesi per un utilizzo consapevole all'interno del nostro laboratorio.

Sia da subito chiaro che non troverete lunghe tabelle di ingredienti o materie prime consigliate con le loro rispettive caratteristiche, per questo ci sono altri validissimi testi di riferimento che troverete in bibliografia. Quello che troverete saranno le informazioni per valutare e studiare voi stessi le materie prime necessarie alla composizione. Nel quaderno degli esercizi troverete anche le schede di studio e valutazione delle materie prime per poter, in tutta autonomia, organizzare e catalogare in modo pratico le conoscenze acquisite.

Materie prime naturali

Le materie prime naturali sono sostanze ottenute attraverso diversi metodi estrattivi da piante e, in misura minore, da fonti animali. Da sempre i profumieri hanno ricercato i metodi migliori per catturare gli odori e dispensarli veicolandoli sotto diverse forme. Le fonti naturali rappresentano ancora un campo di ricerca inesauribile per le sostanze aromatiche.

Come abbiamo già visto, un estratto naturale è composto da numerosissime molecole diverse tra loro, presenti in percentuali differenti e variabili anche nella stessa specie. La difficoltà maggiore che si incontra quando si parla di sostanze naturali è quella di riuscire ad avere una costante ripetibilità e qualità negli estratti, perciò si prendono in considerazione dei riferimenti quali-quantitativi standard che permettano di identificare l'estratto. Questo può avvenire anche attraverso la titolazione di un particolare componente dell'estratto. Ad esempio, in un'assoluta di Iris per avere un riferimento standard dovranno essere indicati dal fornitore gli Ironi presenti in percentuale oppure troveremo nel caso del Patchouli "patchoululo 50%", magari tra parentesi, ad indicare il titolo cioè che quell'estratto contiene, oltre alle altre componenti dell'essenza, una concentrazione di patchoululo pari al 50%.

Un altro dei problemi maggiori è la stabilità del preparato. Per chi lavora nel campo cosmetico-profumiero il principio di base è **"naturale" concorda sempre con "instabile"**. Tenuto a mente questo presupposto, il lavoro del formulatore si baserà sulla ricerca delle strategie migliori che possano tenere stabile il preparato e sulle materie prime più indicate per il progetto in lavorazione.

Tuttavia, la variabilità nei prodotti naturali è un valore aggiunto che permette una ricerca e un'innovazione continua per aiutare il profumiere a costruire fragranze peculiari e offrire prodotti speciali sempre più sostenibili e sicuri.

Le droghe aromatiche vegetali

Con il termine **droga** s'intende una precisa porzione di materiale vegetale, animale o minerale che contiene le sostanze funzionali e caratterizzanti.

La droga aromatica vegetale è pertanto **la porzione della pianta** o i suoi **essudati** che subiranno i processi di estrazione e che includono un alto contenuto di molecole volatili di interesse profumistico.

Le droghe possono essere suddivise in organizzate e non organizzate.

Le droghe **organizzate** contengono elementi cellulari e strutturali della pianta da cui derivano (fiori, foglie, radici, rizomi, corteccia).

Le droghe **non organizzate** non contengono elementi strutturali o cellulari ma sono in genere essudati delle piante (latici, resine, gomme e oleoresine).

Le droghe vegetali possono essere intere, tagliate, frammentate, polverizzate, essiccate o fresche.

La denominazione classica farmaceutica della droga si basa sulla nomenclatura linneana: Genere, specie, varietà, autore seguita dalla definizione in latino della parte della pianta.

Tabella 4

Nomenclatura tradizionale delle droghe vegetali	
Definizione della parte della pianta in latino	**Significato**
Droghe Organizzate	
Flos	Fiore
Folium	Foglia
Fructus	Frutto
Cortex	Corteccia

Fructus cortex o Epicarpum	Buccia, scorza, epicarpo
Stigma	Stimma
Herba	Parti aeree
Semen	Seme
Lignum	Legno
Radix	Radice
Rhizoma	Rizoma
Tubera	Tubero
Bulbus	Bulbo
Antophyllum	Antofillo
Arillus	Arillo
Bacca	Bacca
Bractea	Brattea
Calyx	Calice
Lichen	Lichene
Stipites	Fusto
Gemmae	Gemme
Glandulae	Ghiande, noci
Inflorescentia	Infiorescenza
Petalum	Petali
Fungus	Fungo
Pulpa	Polpa
Pediculus	Picciolo
Ramulus	Rami giovani
Sclerotium	Sclerozio
Thallus	Tallo
Droghe non organizzate	
Gummi	Gomma
Resina	Resina
Aliquam	Lattice

Prendiamo il caso dell'arancio amaro *Citrus aurantium*, da questa pianta si ricavano tre oli essenziali differenti: il **Petitgrain, l'olio essenziale d'arancio** e il **Neroli**. Per ottenere questi estratti le droghe di partenza sono diverse. Nel caso del Petitgrain l'olio essenziale è ottenuto dalla distillazione per lo più di foglie, la droga vegetale di partenza sarà *Citrus aurantium L. – Folium.*

Nel caso dell'olio essenziale di arancio amaro la droga di partenza sarà *Citrus aurantium L. – Fructus cortex* poiché si ottiene dalla spremitura a freddo della buccia dell'esperidio.

Nel caso dell'olio essenziale o dell'assoluta di Neroli avremo *Citrus aurantium L. – Flos* ovvero i fiori dell'arancio amaro. La stessa pianta, quindi, può avere droghe differenti.

Da ognuna di queste droghe attraverso diversi metodi estrattivi otterremo le relative materie prime. Anche la **nomenclatura delle materie prime** conterrà i riferimenti della specie vegetale, della tipologia di prodotto e della parte della pianta utilizzata per l'estrazione. In questo caso l'indicazione della parte della pianta utilizzata viene scritta comunemente in lingua inglese.

Possiamo perciò trovare in commercio l'olio essenziale di arancio amaro con la definizione *"Citrus aurantium (bitter Orange) peel oil"* ad indicare che l'estratto è stato ottenuto dalla buccia del frutto dell'arancio amaro.

Questa nomenclatura è mantenuta in cosmesi per indicare gli ingredienti vegetali presenti in formula nell'INCI (International Nomenclature of Cosmetic Ingredients).

Un altro termine comune per indicare il materiale da estrarre è **matrice vegetale**, non è un vero e proprio sinonimo di droga vegetale ma si usa spesso, soprattutto nelle varie fasi estrattive, per riferirsi alla massa della sostanza vegetale che sta subendo il processo di estrazione.

Preparazione e conservazione delle droghe aromatiche vegetali

Le droghe aromatiche utilizzate per ottenere estratti da profumo devono rispettare determinati criteri a seconda della specie o dell'estratto che vogliamo ottenere per massimizzare la resa in termini di quantità e qualità. Abbiamo già visto come la presenza dei metaboliti secondari può variare in termini di quantità e proporzione anche all'interno della stessa specie in base a fattori endogeni ed esogeni. Questa variabilità può essere data anche dalle procedure sia di raccolta che di conservazione prima della fase estrattiva. Alcune specie necessitano di particolari trattamenti prima di subire il processo estrattivo come, ad esempio, il rizoma di *Iris spp.* che necessita di una lunga stagionatura, di solito superiore ai tre anni, prima di sviluppare attraverso lente reazioni ossidative gli ironi. Per altre droghe aromatiche molto delicate, come quelle formate da fiori e petali, dovrebbe intercorrere dalla raccolta all'estrazione il più breve tempo possibile per non perdere le caratteristiche e non incorrere in fenomeni di degradazione e fermentazione indesiderati.

Mondatura

La mondatura è la fase di eliminazione delle parti non desiderate del materiale vegetale. Nelle diverse specie aromatiche la mondatura permette di scegliere con cura quale parte passerà alle fasi successive. Anche nella fase di raccolta della pianta si effettua una scelta e una cernita del materiale da lavorare, quindi la fase successiva di mondatura permette di eliminare accuratamente parti, elementi o sostanze che possono interferire nel processo di estrazione. Durante la raccolta di *Pogostemon cablin*, comunemente noto come patchouli, le parti aeree della pianta vengono tagliate e raccolte in fasci che passeranno alla fase di mondatura, in questo caso vengono rimossi i rami maturi tenendo solo le foglie che verranno disposte in strati sottili per essere essiccate. I rami maturi del patchouli non contengono essenza e sarebbero d'intralcio nelle fasi di essiccatura e in quelle di distillazione del materiale vegetale.

La mondatura delle radici di vetiver invece è effettuata in due fasi, la pianta viene estratta intera dal terreno scavato a mano. La prima fase di mondatura è quella di eliminare le parti aeree della pianta che non contengono l'essenza, le voluminose radici passano ad una seconda fase di mondatura nella quale vengono lavate per eliminare i residui di terra presenti. La mondatura dei germogli di *Ribes nigrum* fino a vent'anni fa veniva effettuata a mano, dopo la raccolta dei rami le gemme venivano distaccate successivamente, spesso in ambiente domestico, con un coltellino da tasca. Questa procedura di separazione è oggi effettuata meccanicamente ed avviene per frizione nelle macchine stesse di raccolta. È necessaria poi una seconda mondatura, sempre meccanica, che permette di smistare i residui legnosi dalle gemme, con dei setacci vibranti.

Taglio

Le procedure di taglio o frantumazione sul materiale vegetale sono utili ad aumentare la superficie di contatto tra la matrice ed il solvente. Le droghe frantumate, pertanto, mostreranno più "facce" al solvente che migliorerà il suo potere eluente trascinando con sé molte più sostanze d'interesse.

Le modalità di taglio e frantumazione possono essere diverse a seconda della specie da lavorare. Alcune droghe aromatiche non hanno bisogno della frantumazione come nel caso dei fiori più delicati o di piante aromatiche che conservano il loro olio essenziale nei peli ghiandolari. Mentre, è indispensabile, per altri tipi di materiale vegetale come rizomi, radici, legni, cortecce e alcune erbe e foglie che conservano l'essenza nelle tasche secretrici o nei canali secretori. La frantumazione può riguardare sia il materiale fresco che quello essiccato.

I meccanismi di frantumazione principali sono quattro

- Taglio
- Compressione
- Impatto
- Attrito

Ognuno di questi meccanismi, secondo l'ordine appena elencato, ci permette di ottenere frammenti sempre più piccoli fino alla polverizzazione.

Il **taglio** avviene per contatto del materiale con più lame. Si utilizza industrialmente un **molino a lame** che ruotando colpisce il materiale vegetale frantumandolo. Questo metodo è indicato per materiali fibrosi come radici, legni e cortecce. In piccola scala si può effettuare con forbici, coltelli liberi o a caduta oppure con un macinino a lame.

La **compressione** avviene esercitando una forte pressione sul materiale vegetale. Attraverso un **molino a rulli** si procede alla frantumazione agevolando il passaggio del materiale vegetale attraverso dei cilindri rotanti ravvicinati che imprimono la forza di compressione necessaria. In piccola scala e per gli esperimenti di laboratorio la compressione può essere fatta con pestello e mortaio.

L'**impatto** o urto è un meccanismo di frantumazione/polverizzazione che avviene quando il materiale vegetale, più o meno fermo, viene colpito ad alta velocita da un oggetto in movimento oppure i frammenti della sostanza muovendosi colpiscono una superfice ferma. Questa frantumazione sottile, prossima alla polverizzazione, può essere effettuata con un **molino a martelli** anche se ha lo svantaggio di riscaldare il materiale vegetale.

L'**attrito** è esercitato tra le particelle da frantumare e la superficie solida di un oggetto o del recipiente in movimento, questo sfregamento frantuma ulteriormente il materiale fino a polverizzarlo. Un sistema che sfrutta l'impatto e l'attrito è il **molino a palle**. Il molino a palle è formato da un cilindro cavo richiudibile ermeticamente all'interno del quale sono disposte, insieme alla droga da polverizzare, delle sfere più o meno pesanti in materiale resistente come ceramica, ciottoli in silicio o sfere d'acciaio. Facendo ruotare il contenitore cilindrico a velocità media le sfere sfregheranno e cadranno l'una contro l'altra e contro le pareti del contenitore. Con una velocità bassa si otterranno polveri grossolane mentre con una velocità elevata non ci sarà alcuna polverizzazione perché le sfere ed il materiale vegetale saranno stabilizzate dalla forza centrifuga. Quindi la velocità media è quella ottimale per ottenere polveri fini.

Per quanto riguarda le droghe aromatiche queste procedure devono essere effettuate evitando il surriscaldamento della droga e la perdita inopportuna di sostanze volatili. Alcune resine sono difficili da tagliare o polverizzare poiché tendono ad agglomerarsi o ad incollarsi nello strumento da taglio. Una strategia ottimale è quella di inserire un'aliquota di polvere inerte che verrà poi allontanata nelle successive fasi estrattive.

Essicazione

Questo processo è necessario per eliminare l'acqua che potrebbe intralciare i processi estrattivi o creare problemi durante lo stoccaggio del materiale vegetale.

In alcune piante da profumo l'eliminazione preventiva dell'acqua permette di bloccare i processi fermentativi che possono degradare o modificare alcuni composti in maniera peggiorativa.

L'essicazione può avvenire attraverso tre meccanismi principali di trasferimento dell'energia: convezione, conduzione e irraggiamento.

L'essicazione per convezione si basa sul passaggio di un fluido caldo e secco, solitamente aria, attraverso il materiale vegetale a cui cede il suo calore, l'acqua nella droga evapora e viene trascinata via dal fluido. Il materiale da essiccare può essere statico o in movimento.

L'essicazione per conduzione avviene attraverso il riscaldamento a calore indiretto. Il calore viene trasferito al materiale da essiccare attraverso una superfice riscaldata con cui il prodotto è a contatto.

L'essicazione per irraggiamento avviene attraverso la somministrazione di radiazioni elettromagnetiche che interagiscono con le molecole d'acqua surriscaldandole e permettendone l'evaporazione.

Nel caso delle droghe aromatiche i componenti volatili devono essere quanto più preservati perciò sono da escludersi tutti quei trattamenti che sollecitano e surriscaldano il materiale vegetale. L'essicamento a letto fluido per convezione oppure quello sottovuoto per conduzione sono i più indicati perché si può lavorare a temperature che non superano i 35°C, mantenendo inalterate le caratteristiche del prodotto.

L'essicamento a temperatura ambiente è il metodo più antico e diffuso per le piante da profumo. Avviene in ambienti controllati, ben areati e lontano dai raggi diretti del sole. Questo metodo tradizionale è tuttora in uso per alcune coltivazioni tradizionali come, ad esempio, patchouli e cannella.

Non tutte le piante aromatiche subiscono il processo di essicazione, anzi, numerose droghe aromatiche devono essere **estratte fresche** per conservare il più possibile le caratteristiche aromatiche di partenza. Queste informazioni sono reperibili in diverse monografie e libri che elencano, come abbiamo già detto, le caratteristiche e i trattamenti che ogni specie deve subire perché si ottenga un estratto ottimale.

Tostatura

Con il processo di tostatura o torrefazione si porta ad alte temperature il materiale vegetale per eliminare completamente l'acqua e far innescare reazioni come l'ossidazione, la reazione di Maillard tra zuccheri e aminoacidi e talvolta processi di caramellizzazione e carbonizzazione parziale. Questo processo controllato porterà alla formazione di nuovi composti aromatici non presenti nel materiale di partenza. In profumeria viene utilizzata per i chicchi di caffè, le foglie del tabacco, la fava tonka, i semi di cacao e il legno di quercia. I tostati vengono estratti in CO_2 supercritica per ottenere le relative assolute e preservare gli aromi del processo di torrefazione.

Stagionatura e maturazione

Alcune droghe aromatiche una volta raccolte hanno necessità di un tempo più o meno lungo di stagionatura perché si svolgano reazioni chimiche che permettano la formazione di nuove sostanze aromatiche. I tempi di stagionatura possono variare da qualche mese a più di tre anni come abbiamo già detto per il rizoma dell'iris. Di solito questo processo avviene in locali di stoccaggio controllati asciutti, arieggiati ed ombrosi. Un materiale naturale, di origine animale, è l'ambra grigia un escreto del capodoglio che compie il suo lungo periodo di maturazione in mare. Questo escreto viene esposto naturalmente ad acqua salata, aria e luce solare e subisce una complessa serie di reazioni di degradazione, l'ambra grigia così, raccolta lungo le coste, subirà poi il processo estrattivo in laboratorio.

Metodi estrattivi delle sostanze aromatiche

Per ottenere le materie prime naturali è necessario trovare il metodo estrattivo più adatto al tipo di droga aromatica in esame. Un'estrazione ideale dovrebbe permettere di ottenere una resa di quantità e qualità elevata, avere un basso costo, essere sostenibile e facilmente processabile.

Ovviamente nessuna metodica di estrazione avrà tutti questi vantaggi ma si sceglierà quella con più benefici a seconda della materia prima che vogliamo ottenere.

Per quanto riguarda l'ottenimento di estratti volatili da profumeria vediamo quali sono le basi teorico pratiche delle metodiche più diffuse partendo dai principi di base per comprenderle meglio. Anche in questo caso troverete in bibliografia testi specifici per lo studio più approfondito in materia di chimica estrattiva.

L'estrazione

Per **estrazione** s'intende la serie di processi a cui è sottoposto un certo materiale, solido o liquido, perché uno o più dei suoi componenti si separi e trasferisca in un liquido **solvente**. Per far sì che questa procedura avvenga correttamente, i componenti da estrarre devono avere con il solvente proprietà simili ovvero un'affinità basata sul principio *Asinus asinum fricat* (un asino gratta un asino, lett.) che in modo più gentile traduciamo con: "il simile scioglie il suo simile".

I processi di trasferimento delle componenti affini nel solvente avvengono attraverso due azioni: il **dilavamento**, ovvero attraverso il passaggio del solvente che sequestra le sostanze esposte nella superficie della droga vegetale, oppure la **diffusione,** grazie alla quale il solvente penetra nelle cellule vegetali e le rigonfia permettendo la fuoriuscita delle componenti estrattive. Questi due processi avvengono di solito simultaneamente.

Macerazione e Digestione

I metodi estrattivi della macerazione e della digestione si utilizzano per separare dal materiale vegetale le componenti della droga attraverso il contatto diretto, più o meno prolungato, con il solvente scelto.

La macerazione consiste nel disporre in un contenitore di macerazione la matrice vegetale a contatto con il solvente a temperatura ambiente. La macerazione può essere definita **macerazione semplice** nel caso la miscela venga agitata saltuariamente o rimescolata. Il tempo di macerazione varia da estratto ad estratto, di base sono necessari almeno 30 giorni ma non sono rari i casi in cui alcuni materiali hanno bisogno di una macerazione lunga (nel caso dell'ambra grigia anche 3 anni) in questi casi parliamo di **macerazione maturativa**. La **macerazione dinamica** avviene invece attraverso il movimento continuo di pale d'agitazione interne ai contenitori o dei contenitori stessi collegati a dei sistemi di rotazione. Questo tipo di macerazione riduce di molto i tempi di estrazione.

La digestione equivale alla macerazione ma viene effettuata a temperature stabili tra i 35 e 50 °C e si applica a sostanze che sono difficilmente solubili a basse temperature ma alterabili a temperature più alte di 60 °C.

La percolazione

La percolazione è un processo di estrazione ad esaurimento che ha quindi la capacità di rimuovere completamente tutte le sostanze d'interesse presenti nella matrice vegetale. È una procedura molto semplice ed efficiente ed è tra i metodi estrattivi elettivi per gli studi in laboratorio e la caratterizzazione degli estratti. Come viene effettuata la percolazione? Si inizia preparando opportunamente la droga che deve poi essere umettata con il solvente scelto in un contenitore attraverso una sorta di macerazione preventiva che dura circa 24h. Questo permette di imbibire anticipatamente il materiale vegetale facendo penetrare il solvente nelle cellule, ottenendo così una diffusione maggiore. La droga così preparata si carica in un contenitore cilindrico detto **percolatore** provvisto di rubinetto alla base e di un setto filtrante in carta o in cotone idrofilo che servirà da schermo per non intasare il rubinetto d'uscita. Inserito il materiale vegetale, precedentemente imbibito, si pressa leggermente per non creare sacche d'aria o canali di flusso preferenziali e si pone del cotone idrofilo o garza sterile sulla superfice della matrice vegetale, si blocca poi con un peso inerte fatto di palline di vetro o acciaio che ne eviteranno il galleggiamento o la fuoriuscita. A questo punto si versa il solvente a rubinetto aperto, in modo da far uscire l'aria presente nella droga, appena il solvente arriva al rubinetto si chiude e si lascia in macerazione per ulteriori 24h. Passato questo tempo inizia la percolazione vera e propria che consiste nell'aprire il rubinetto e far fluire lentamente e di continuo il preparato in un contenitore di raccolta. Il solvente viene ricaricato di volta in volta dall'alto senza lasciare a secco la matrice. Di solito l'estratto raccolto è distillato a pressione ridotta recuperando il solvente puro che poi rientrerà in circolo. La droga sarà esaurita quando il solvente in ingresso sarà visivamente ed analiticamente scarico di componenti. Questo flusso dinamico del solvente favorisce la diffusione e la liberazione dei metaboliti secondari dall'interno delle cellule verso il solvente, garantendo così una differenza di gradiente di concentrazione continua e caricando di componenti il solvente.

La spremitura

È un metodo estrattivo utilizzato per ottenere gli oli essenziali dalle bucce degli agrumi. Può essere effettuata in tre modi diversi.

Metodo a spugna

È il metodo tradizionale e manuale utilizzato per ottenere l'olio essenziale di Bergamotto. Questo metodo ha origine in sud Italia e vanta una lunga tradizione artigiana. Il mestiere dello *spiritaro* oggi è quasi scomparso, sostituito da metodi meccanici e industriali. Si procede tagliando in due parti precise l'agrume con un coltello apposito, la polpa viene eliminata a mano con una sorta di cucchiaio lasciando solo le bucce. Si passa alla fase detta di *spumatura*: le bucce vengono messe a bagno per un'ora, in una soluzione alcalina di acqua e calce che le indurirà in modo da rendere più semplice l'estrazione.

Per la spremitura finale viene utilizzato un catino con beccuccio detto *culina* e delle spugne naturali imbevute d'acqua, lo spiritaro preme sulle spugne le bucce indurite che rilasciano gli oli essenziali nella *culina* dove poi l'olio viene decantato e recuperato dalla superficie della fase aquosa.

Metodo della pelatura

È un metodo meccanico utilizzato per estrarre gli oli dall'epicarpo degli agrumi ancora immaturi. È realizzato da delle macchine dette pelatrici che funzionano raschiando le bucce che sminuzzate formano la cosiddetta raspatura, un flusso d'acqua continuo trascina gli oli essenziali e separa i frammenti di buccia esausti della raspatura per filtrazione. Gli oli si separano poi dall'acqua per decantazione.

Metodo della sfumatura

Questo tipo di spremitura si utilizza per oli essenziali di arancio e limone. Dopo l'eliminazione della polpa e del succo dell'agrume, le bucce vengono inserite in una macchina detta **sfumatrice** e convogliate in una camera ristretta dove per pressione di uno stantuffo subiscono numerosi piegamenti e frizioni. Gli otricoli ricchi di oli essenziali così compressi schizzano il loro contenuto all'esterno, anche qui un flusso d'acqua continuo trascina via gli oli che verranno decantati e talvolta rilavorati in distillazione per eliminare eventuali componenti indesiderati come ad esempio le furanocumarine.

La distillazione

La distillazione è un processo di separazione di una miscela di due o più sostanze che sfrutta i diversi valori di volatilità delle sostanze ovvero il loro **differente punto di ebollizione.**

La distillazione si svolge attraverso due passaggi di stato consecutivi attraverso **evaporazione, ebollizione** e **condensazione.** L'evaporazione riguarda la superficie del liquido con la parte aeriforme sovrastante mentre l'ebollizione riguarda tutta la massa ed avviene ad una determinata temperatura specifica per ogni sostanza.

Ogni sostanza, infatti, ha una caratteristica **pressione di vapore** cioè la pressione esercitata, in un recipiente chiuso, dal suo stesso vapore sul suo stesso liquido in condizioni di **equilibrio dinamico** liquido-vapore ovvero quando il numero delle molecole che evaporano è uguale al numero delle molecole che tornano nel liquido.

Quando la pressione di vapore uguaglia la pressione atmosferica esterna di 101,325 Pa **il liquido inizia a bollire.** La temperatura alla quale la pressione di vapore della sostanza è uguale alla pressione atmosferica è detta **punto di ebollizione.**

Se in miscela abbiamo due o più componenti che possono essere miscibili tra loro il primo che evaporerà sarà quello con la volatilità più bassa, il vapore che si forma allontanandosi dalla fonte di calore incontrerà una zona più fredda, detta di condensazione, e ricadrà sotto forma di liquido nel recipiente di raccolta. Gli apparati di distillazione possono essere suddivisi in tre sezioni principali: la **caldaia,** che contiene la miscela di sostanze da separare, il **condensatore** o refrigeratore, che porterà la sostanza dallo stato gassoso allo stato liquido, ed il **recipiente di raccolta** che accoglierà il condensato ovvero il distillato. Una fonte di calore può essere messa di solito a diretto contatto con la caldaia o separatamente per generare ad esempio vapori che conquistano la caldaia dove è presente la miscela da distillare.

La distillazione semplice

Permette la separazione di due o più sostanze miscibili a patto che si rispettino queste condizioni:

la differenza del punto di ebollizione tra i componenti da distillare deve essere perlomeno di 25 °C (>70 °C per una separazione in purezza), le sostanze devono essere termicamente stabili e almeno uno dei componenti è volatile con una temperatura di ebollizione compresa tra 35 − 150 °C.

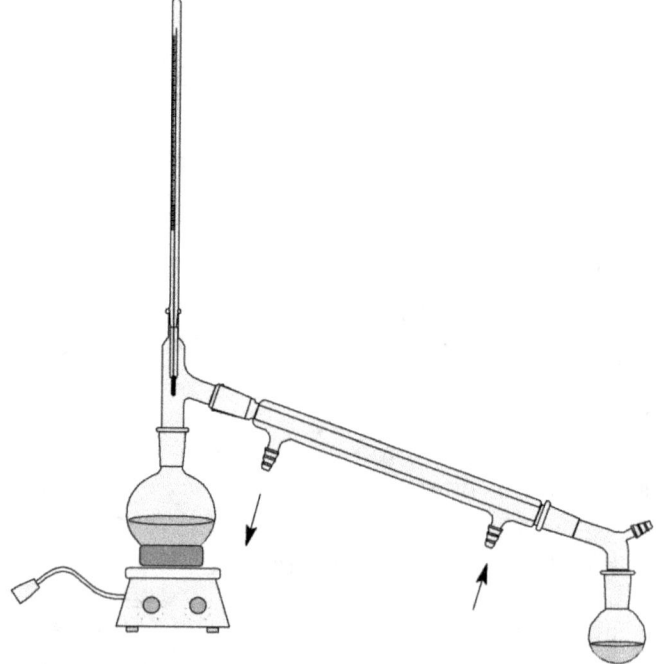

Figura 8 – Apparato di distillazione semplice

Per effettuare una distillazione semplice abbiamo bisogno di un apparato formato da una caldaia con la soluzione da separare che viene riscaldata da un termomanto o da un bagno di acqua o olio (per raggiungere temperature superiori), sono da escludersi oramai le fonti di calore a fuoco libero per motivi di sicurezza e di scarso controllo delle temperature. Un termometro viene posto appena prima del refrigerante per garantire il controllo della temperatura dei vapori che stanno per condensare. Il condensatore sarà collegato ad un liquido di refrigerazione, solitamente acqua, che entrerà dalla parte più bassa del refrigerante per riempire uniformemente la camicia refrigerante. Al termine del refrigerante troviamo il contenitore di raccolta del distillato.

La distillazione frazionata

La distillazione frazionata permette di separare in purezza componenti che hanno un punto di ebollizione molto vicino. Sopra la caldaia viene posta una colonna di frazionamento formata da una serie continua di zone di condensazione che si identificano come piatti teorici dove avvengono condensazioni e vaporizzazioni parziali del gas passante. Ogni piatto teorico corrisponde approssimativamente ad un ciclo di distillazione semplice: più è piccola la differenza tra i punti di ebollizione delle sostanze in miscela, più piatti teorici occorrono; perciò una colonna di rettifica con numerosi piatti teorici sarà più precisa ed efficiente. In laboratorio possiamo trovare colonne di rettifica in vetro con numerose digitazioni (colonna di Vigreux) che aumentano la superficie di condensazione parziale e quindi il numero di piatti teorici, possiamo avere anche colonne a sferette di vetro o a filamenti d'acciaio che hanno la stessa funzione.

In profumeria si utilizzano per separare componenti non graditi di alcune essenze eliminando selettivamente il condensato non desiderato.

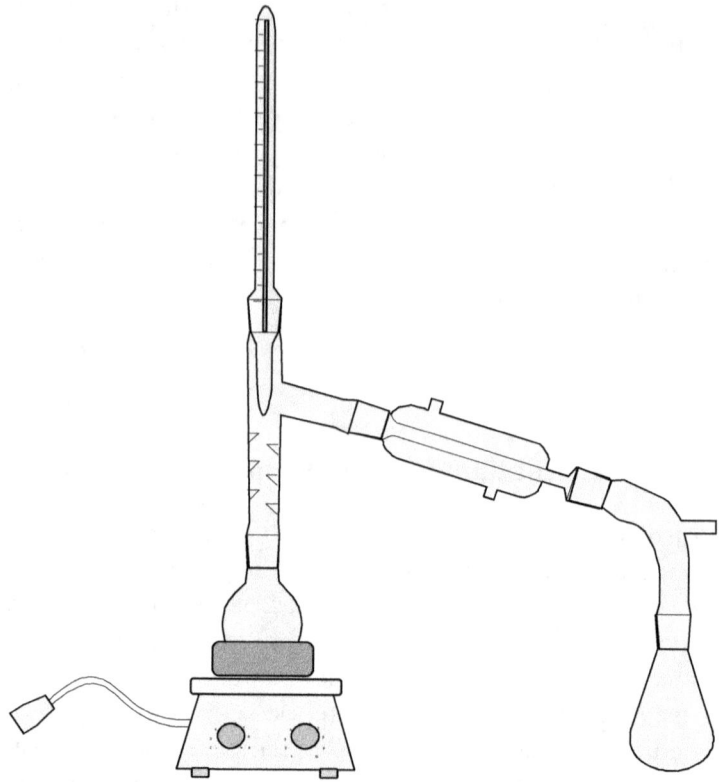

Figura 9 – Apparato per la distillazione frazionata con colonna di Vigreux

La distillazione sottovuoto

Nella distillazione sottovuoto o a pressione ridotta il processo avviene a una pressione più bassa di quella atmosferica. Si tratta di una distillazione chiusa durante la quale l'apparecchio viene collegato ad una pompa da vuoto. Lo spazio sovrastante il liquido avrà perciò una pressione più bassa e di conseguenza il punto di ebollizione dei componenti verrà notevolmente ridotto con conseguente riduzione delle temperature d'esercizio. Con questo metodo, indispensabile per la profumeria, possiamo lavorare con sostanze termolabili per mantenere inalterate le caratteristiche dell'essenza.

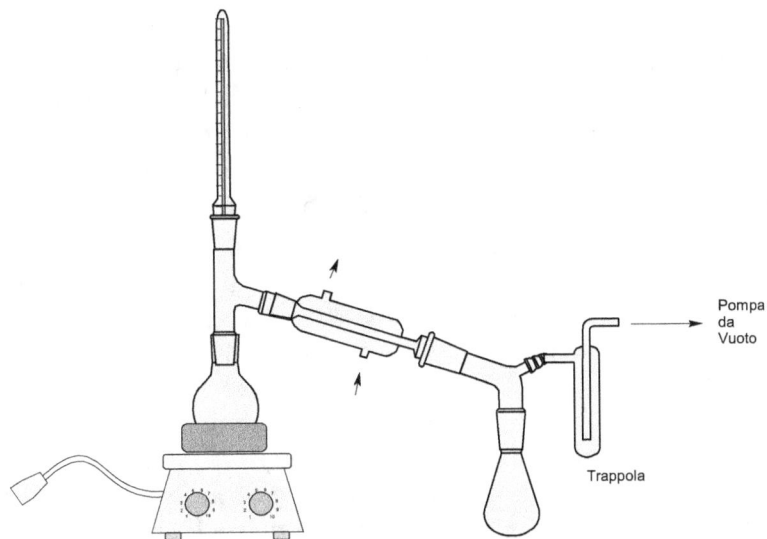

Pompa da Vuoto

Trappola

Figura 10 – Apparecchio per la distillazione sottovuoto con trappola di guardia

L'apparecchio più pratico ed efficiente in laboratorio per ottenere estratti vegetali liberi da solventi e concentrati è **l'evaporatore rotante**, grazie al quale la rotazione della caldaia nel bagnetto riscaldante aumenta la superficie di esposizione della miscela permettendo un allontanamento migliore del solvente

La distillazione in corrente di vapore

Questa distillazione si utilizza per separare due liquidi tra loro non miscibili o insolubili. Trova applicazione nell'estrazione di componenti organiche da piante o tessuti vegetali. È infatti la metodica d'elezione per l'ottenimento degli **oli essenziali**.

In questo caso il prodotto presente in caldaia bolle alla temperatura dell'acqua (100 °C) che è più bassa della temperatura di ebollizione di numerosi componenti volatili (150-300 °C) perciò si evita il surriscaldamento eccessivo dell'olio. Il vapore formatosi non funge da solvente ma permette la codistillazione degli oli volatili, come se li trascinasse con sé dalla matrice vegetale. Questi vapori una volta che incontrano la zona di refrigerio condensano e si separano nuovamente nel recipiente di raccolta. Il condensato sarà così formato da due liquidi immiscibili tra loro, l'olio essenziale e l'idrolato. Gli oli vegetali più leggeri dell'acqua si stabiliranno al di sopra di essa mentre in alcuni casi oli essenziali con una densità maggiore a quella dell'acqua si posizioneranno sotto l'idrolato (gaultheria, cannella, eucalipto, patchouli, vetiver, chiodi di garofano).

Per separare ulteriormente questi prodotti si utilizzano gli imbuti separatori oppure le bottiglie fiorentine.

L'acqua in caldaia può essere integrata con un gocciolatore diretto oppure in alcuni casi rientrare in circolo usando il principio dei vasi comunicanti attraverso la congiunzione diagonale con il recipiente di raccolta (distillatore Clevenger).

Per estrarre gli oli essenziali si può procedere attraverso la distillazione in corrente di vapore con tre sistemi principali.

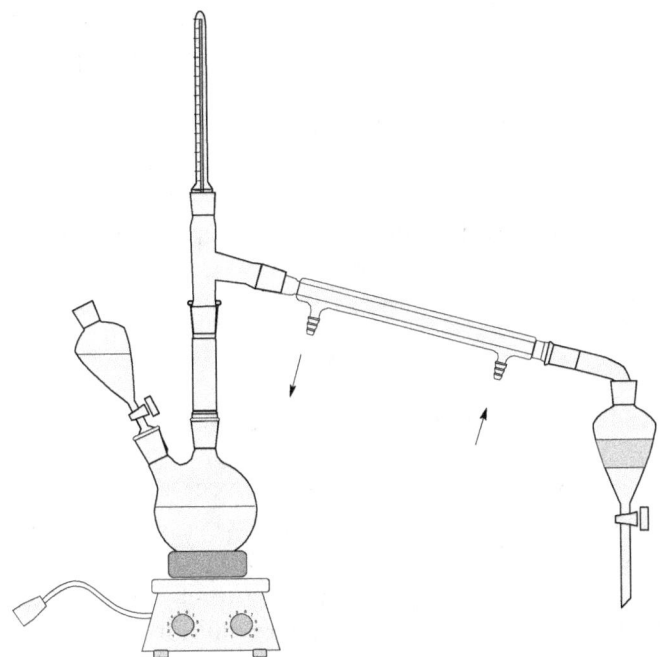

Figura 11 – Apparecchio da banco per la distillazione in corrente di vapore con imbuto separatore

Distillazione in acqua: la droga in caldaia, come abbiamo detto, viene coperta d'acqua e riscaldata con calore diretto. Per lasciare spazio ai vapori, la caldaia è riempita per non più di 2/3 del suo volume. Ha il vantaggio di essere un'operazione veloce con un'apparecchiatura semplice. Di contro, il materiale subisce un riscaldamento eccessivo che può portare a idrolisi dei componenti e consecutivo rilascio di odore sgradevole, simile a quello di muffa o di bruciato. Non tutti i componenti vengono trascinati nel condensatore, alcuni idrosolubili ed altobollenti restano legati alla soluzione acquosa.

Distillazione a vapore mediato: la matrice vegetale è disposta su griglie, ceste o piatti forati sovrapposti. L'acqua è disposta al di sotto del materiale vegetale e portata all'ebollizione, il vapore risale la caldaia, la satura e attraversa la matrice vegetale permettendo il rilascio degli oli volatili. Questa dà ottimi risultati in qualità ed una resa maggiore ma non è adatta a tutti i tipi di droga.

Distillazione a vapore: Il vapore arriva in caldaia da un bollitore esterno (pre-caldaia) ed insufflato al di sotto della matrice vegetale. La distillazione avviene in tempi rapidi e si consuma meno vapore. Il prodotto ottenuto però non è di buona qualità perché il vapore in caldaia non è saturo in modo continuo, inoltre la droga tende ad essiccarsi ed aumentare di calore.

Estrazione per solvente

Sappiamo che all'interno del materiale vegetale troviamo nume-rosissimi composti chimici di natura diversa, quindi, se vogliamo ottenere un particolare gruppo di queste molecole, dobbiamo pre-ferire un solvente quanto più selettivo possibile. Con l'utilizzo di un solvente adatto possiamo scegliere quindi quale categoria o gruppo di composti estrarre dalla pianta. Nel caso degli estratti da profumeria il nostro interesse sarà rivolto alle molecole volatili che compongono l'essenza. Le molecole di questo gruppo hanno ca-ratteristiche comuni cioè quelle di essere volatili e facilmente solu-bili in solventi organici ma non in acqua. Sono perciò sostanze lipofile che si legheranno facilmente a solventi apolari (il simile scioglie il suo simile). Il solvente deve avere determinate caratteri-stiche e soprattutto facilmente allontanabile dall'estratto per otte-nere un'essenza pura quindi deve essere basso bollente, apolare e non miscibile in acqua. Il solvente con queste caratteristiche più utilizzato in profumeria estrattiva è l'esano decisamente non po-lare e basso bollente[4] che si presta a solubilizzare la gran parte delle molecole volatili.

---

[4] Si utilizzano, in misura minore, anche altri solventi apolari come l'etere di petrolio, il toluene, il benzene, il diclorometano e il di-etil etere.

Con il solvente individuato si procede con la prima fase di macerazione e percolazione, in alcuni casi si utilizza la digestione per legni o radici in cui è necessaria più energia al sistema perché i componenti diffondano. Avvenuta l'estrazione vera e propria il solvente si carica di sostanze lipofile e si ottiene una soluzione estrattiva che non contiene solo l'essenza ma anche altre sostanze apolari come altri oli e cere. A questo punto si procede a eliminare il solvente distillando la soluzione a pressione ridotta mantenendo basse le temperature per non far degradare i composti. L'esano si recupera per una prossima estrazione, quindi il ciclo di produzione è virtuoso. Alcune tracce di molecole spesso si possono trovare nell'esano recuperato, perciò si tende sempre a riutilizzarlo per lo stesso tipo di pianta oppure a ridistillarlo in colonna frazionata per purificarlo ulteriormente.

Il prodotto ottenuto si chiama **concreta** e contiene ancora cere e oli che devono essere eliminati. La concreta viene inserita in un agitatore riscaldato insieme ad alcol etilico e mescolato fino a solubilizzazione, si abbassa poi la temperatura a 0 °C e si filtra immediatamente su carta. Le cere che solidificano a queste temperature restano sulla carta da filtro e la soluzione alcolica filtrata viene distillata sottovuoto per eliminare l'alcol etilico. Il risultato di questa lavorazione si chiama **assoluta**.

Enfleurage

Fin dal Medioevo, la città di Grasse (nel sud-est della Francia, in Provenza) è stata un importante centro economico per la presenza di concerie che producevano pelli di qualità eccezionale che la resero nota in tutta Europa.

Nel XVI secolo, due eventi determinarono la nascita dell'industria profumiera di Grasse: la moda dei guanti profumati, lanciata da Caterina de' Medici, e la coltura delle piante aromatiche che fornivano alle concerie le materie prime sia per conciare che per profumare il cuoio. All'inizio del XVIII secolo, a poco a poco i guantai-profumieri cominciarono a distinguersi dai conciatori e ottennero l'approvazione di un loro statuto ben definito presso il *Parlement de Provence* nel 1729. È proprio tra la fine del seicento e l'inizio del XVIII secolo che si iniziò a produrre quello che definiamo oggi profumo moderno, ovvero una miscela eterogenea di oli eterei in soluzione alcolica. Il successo di questi prodotti, in uso presso le classi più agiate, portò allo sviluppo di colture floreali apposite per la produzione di profumi e soprattutto di laboratori per l'estrazione di essenze, in particolar modo nella zona di Grasse. L'enfleurage venne messo a punto e si raffinò a meta del '700 diventando una rinomata esclusiva del territorio provenzale. Nel XIX secolo, Grasse conobbe un grande sviluppo e divenne, durante il Secondo Impero, un centro industriale, chimico-estrattivo, di primaria importanza.

L'enfleurage è oggi un metodo estrattivo storico in profumeria ma è ormai sostituito dall'estrazione con solvente perché meno dispendiosa in termini di tempo e di costo della manodopera. Si pratica ancora a scopo di conservazione culturale, a livello turistico o per esclusivi progetti di fragranze limitate. Conoscere questo metodo fa parte, comunque, della formazione del profumiere e delle metodiche estrattive particolari del settore.

Il metodo dell'enfleurage viene utilizzato per la lavorazione di materiali nei quali l'essenza si trova in piccola quantità ed è alterabile con il calore (fiori di gelsomino, tuberose, narcisi, ecc.). Si basa sul principio dell'**adsorbimento** da parte del grasso delle sostanze più volatili, il grasso utilizzato avrà quindi il ruolo di solvente (anche se questa definizione non è corretta) catturando l'essenza dei fiori con cui è messo a contatto. I grassi più utilizzati erano la sugna, il grasso di bue, il grasso bruno d'agnello, alcuni oli vegetali e in seguito oli minerali e vaselina. Verosimilmente si trattava di una miscela tra questi grassi che spesso veniva mantenuta come segreto industriale, adattando la ricetta a seconda del tipo di essenza che si voleva estrarre.

Conosciamo due tipi di enfleurage: quello a caldo e quello a freddo.

L'enfleurage a caldo è a tutti gli effetti una digestione dove il materiale vegetale deve essere ricambiato spesso, di solito si lavora in mescolazione continua. Si opera facendo digerire i fiori freschi in una miscela di grassi animali e vegetali, opportunamente depurati e raffinati, mantenuta liquida ad una temperatura costante di circa 50-60 °C. I fiori, agitati di continuo con una paletta di legno per circa due ore, vengono sostituiti con fiori freschi finché il grasso avrà raggiunto la saturazione. Successivamente si filtra e si raffredda a temperatura ambiente e si ottiene così una pomata profumata detta **Pommade**. L'enfleurage a caldo veniva utilizzato ad esempio per la ginestra, per i fiori d'arancio e per alcune rose, fiori un po' più tenaci e resistenti a queste temperature.

L'enfleurage a freddo si basa sull'utilizzo di ampie lastre di vetro incorniciate in legno, dette *chàssis* ovvero telai, sulle quali viene steso, da ambedue i lati, un sottile strato di grasso (circa 350 g per lato) a temperatura ambiente. Sul grasso di un lato vengono depositati i fiori freschi a contatto e si sovrappone la lastra successiva, tra i due telai sovrapposti si formerà una camera di estrazione, il fiore rilascerà la maggior parte dei componenti odorosi sul grasso a contatto mentre il grasso in alto fungerà da trappola per i componenti più volatili. Il giorno successivo si passa al *defleurage* ovvero l'azione di staccare i fiori esausti e ricaricarli freschi sull'altro lato del vetro ruotando il telaio. Questa rotazione completa il primo **ciclo estrattivo**. Ripetendo ogni ciclo dalle venti alle trentacinque volte si ottiene la **Pommade** che verrà contrassegnata dal numero di cicli operati (*Jasmine sambac* Pommade 30, sta a significare che è stata ottenuta con trenta cicli estrattivi). La *pommade* caricata di essenza viene agitata con alcol etilico puro fino alla formazione di una emulsione fluida all'interno di agitatori particolari detti **batteuses**. L'alcol scioglie l'essenza e trascina alcuni residui di grasso che in parte vengono eliminati per raffreddamento e filtrazione dando una **concreta**. La concreta che contiene ancora cere e residui di grassi può essere ulteriormente raffreddata e filtrata per ottenere l'**estratto di fiore**. Questo estratto si distilla a pressione ridotta e a basse temperature per eliminare l'alcol e per ottenere l'**assoluta** che prende il nome, a rigore, di *Absolue ex enfleurage*. Vedremo successivamente quali sono gli altri tipi di assolute che si possono ottenere e con quali metodi.

Estrazione in fluido supercritico

Attraverso i fluidi supercritici si può ottenere un'estrazione so-
lido-liquido in cui il solvente è stato sostituito da un **fluido supercritico** ovvero una sostanza pura che si trova a pressioni superiori
a quelle della sua pressione critica e a temperature superiori a
quelle della sua temperatura critica.

Per capire meglio questo stato intermedio delle sostanze analizziamo il diagramma di stato di una sostanza pura, nell'immagine
di seguito vediamo quello della CO_2.

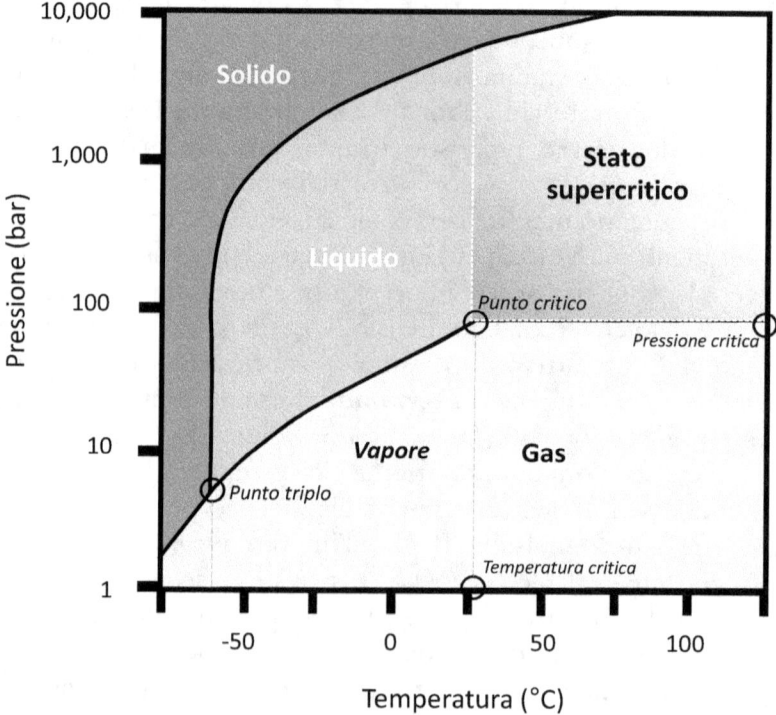

*Figura 12 – Diagramma di stato della CO_2 in relazione a temperatura e
pressione*

Mettendo in relazione temperatura e pressione possiamo identificare delle zone in cui la sostanza assume uno degli stati

fondamentali (classici) della materia (solido, liquido e aeriforme). Le tre curve che delimitano gli stati s'incontrano in un punto detto **punto triplo**, proseguendo verso la curva della pressione di vapore le densità dei due stati si avvicinano sempre di più fino a raggiungere il **punto critico** ovvero il punto in cui gli stati di liquido saturo e di vapore saturo coincidono e hanno la stessa densità. Sopra questa soglia, aumentando pressione e/o temperatura non avremo più il passaggio tra stato gassoso o liquido ma un **fluido supercritico** che assume proprietà simili sia a quelle di un gas che a quelle di un liquido. Per le piante da profumo il fluido supercritico utilizzato è la CO_2 poiché passa allo stato supercritico a pressioni e temperature abbastanza basse rispettivamente di 73,83 bar e 31,09 °C. Inoltre, le caratteristiche di bassa viscosità, la facilità di fluire, come un gas, attraverso gli spazi del materiale vegetale e di avere proprietà solventi pari a quelle di un liquido apolare rendono la CO_2 il solvente d'elezione per questo tipo d'estrazione. Altri aspetti positivi sono il basso costo, la facile reperibilità, la non infiammabilità, la non tossicità e la possibilità di rientrare in circolo ed essere recuperata per il rispetto dell'ambiente, in linea con quella che viene definita chimica green.

Come funziona un estrattore in CO_2 supercritica?

Il sistema si compone di un erogatore di CO_2, da regolatori di temperatura e pressione, da un contenitore per il materiale vegetale e da una camera d'espansione per la raccolta dell'estratto. La CO_2 viene immessa in circolo da un erogatore incontrando una prima zona di riscaldamento ed è convogliata verso un compressore che la porta alla pressione d'esercizio individuata, poi il fluido passa attraverso un'ulteriore zona termica che ne regola con precisione la temperatura. A questo punto la CO_2 ha assunto lo stato di fluido supercritico ed invade la camera di estrazione, dove è presente la matrice vegetale, caricandosi di tutti i componenti solubili. Il fluido così carico viene spinto in una camera di depressurizzazione o d'espansione dove tornando allo stato gassoso si libera dei composti che si depositano sul fondo della camera. A questo punto il gas ripulito rientra in circolo per proseguire l'estrazione. Questo ciclo permette di operare sia con un'estrazione statica dove il solvente sta a contatto con la matrice vegetale per un certo tempo, sia con un'estrazione dinamica con passaggio continuo del solvente, allo stato di fluido supercritico, nel materiale da estrarre.

Tipologie di estratti

In questo capitolo andiamo a classificare gli estratti naturali per tipologia, caratteristiche e metodi relativi di estrazione. Dopo aver discusso i metodi estrattivi definiamo ora come possono essere classificati questi estratti che saranno le materie prime di partenza per la composizione delle fragranze.

Oli essenziali

Gli **oli essenziali** (OE) sono miscele eterogenee complesse di composti organici, volatili, lipofili e miscibili in solventi organici diversi dall'acqua. Sono prodotti dal metabolismo secondario delle piante, con specifiche funzioni ecologiche, ed estratti da esse per distillazione in corrente di vapore o per spremitura.

Alcuni testi tendono a definire oli essenziali anche quegli estratti eterei e volatili ottenuti con altri metodi estrattivi: questo non è del tutto corretto. La distillazione in corrente di vapore e la spremitura sono i sistemi classici che permettono di ottenere gli oli essenziali. Si ottengono così specifici prodotti, condizionati proprio da questi metodi, che avranno caratteristiche differenti dagli oli eterei presenti nella pianta, per esempio, possono avvenire fenomeni di ciclizzazione, modifiche e perdite di molecole di partenza che non ritroviamo in altri estratti. Bisogna fare infatti una distinzione netta tra olio essenziale ed essenza, quest'ultima comprende il gruppo di tutte le molecole voltili e aromatiche presenti nella pianta. L'olio essenziale invece è una porzione altamente rappresentativa di questa essenza ed è ottenuto attraverso le due metodiche che abbiamo citato.

Per ogni olio essenziale va stilata una specifica scheda tecnica che ne definisce identità, provenienza, analisi chimico-fisiche quali quantitative e dati di sicurezza. L'identità è l'insieme di informazioni botaniche della pianta di partenza e i metodi estrattivi utilizzati correlati dai documenti d'analisi da parte del fornitore. Questi indicheranno i contenuti quali-quantitativi dei costituenti chimici attraverso uno spettro cromatografico e le proprietà fisiche come rotazione ottica, indice di rifrazione e flash point. I dati possono essere rivalutati su un campione in laboratorio per verificare attendibilità ed escludere sofisticazioni, adulterazioni o fenomeni di invecchiamento e degradazione. È necessario, pertanto, verificare anche gli aspetti organolettici che riguardano aspetto e odore anche questi indicati in scheda tecnica. Un'ulteriore e necessaria informazione possiamo ottenerla dalla **scheda allergeni** che profila quali-quantitativamente la presenza dei ventisei allergeni indicati nell'allegato III del *Regolamento (CE) 1223/2009* ovvero l'elenco delle sostanze il cui uso è permesso solo entro determinati limiti cumulativi nel prodotto finito.

Tinture

Le tinture in profumeria sono preparazioni ottenute per macerazione semplice, macerazione maturativa, digestione, diluizione o percolazione di droghe aromatiche (fresche, secche o non organizzate) in un solvente organico. A seconda del solvente utilizzato prendono il nome di alcooliti, oleoliti, acetoliti, enoliti. In profumeria troviamo per lo più alcooliti ma si possono trovare, anche se in misura minore, tinture realizzate con altri solventi. La tintura deve avere un rapporto esatto tra droga e solvente noto, di base questo rapporto è individuato come 1:5 ovvero una parte di droga in cinque parti di solvente. Non è raro però trovare in alcuni casi diluizioni 1:10.

Una volta processata la tintura e filtrato il materiale esausto di solito possiamo notare perdite del solvente che va riportato alla quantità iniziale. Le tinture possono essere realizzate in laboratorio a partire anche da resinoidi, concrete, assolute o aroma chemicals per facilitare l'utilizzo di sostanze talvolta molto dense o da utilizzare in dosi minime. Si procede sempre con la diluizione, calcolando i quantitativi esatti, peso su peso, della sostanza di partenza, per poterli poi inserire in formula in modo corretto.

Resinoidi

I resinoidi sono estratti da profumeria ottenuti a partire dagli **essudati resinosi** di piante o dalle secrezioni animali (Castoreum, Ambra grigia, Zibetto, muschio Tonkino).

I solventi utilizzati per questo tipo di estrazione sono solventi **polari** diversi dall'acqua. Gli essudati delle piante possiamo definirli droghe non organizzate e si distinguono in:

- resine

- balsami

- oleoresine

- gommoresine

Il ruolo biologico di questi essudati è di difesa contro i patogeni o di rimarginazione delle ferite della pianta stessa.

Le resine, propriamente dette, hanno una consistenza molto solida con frattura netta e polverosa, tendono ad essiccarsi all'aria e sono insolubili in acqua ma solubili in solventi organici **polari**. Comprendono numerosi costituenti chimici e sono per la maggior parte di tipo terpenoidico e contengono vari tipi di terpeni e, in misura minore, acidi resinici, resinati, resinoli e reseni. **I balsami** sono resine, fenoliche o terpeniche, solide o molto viscose, sono altamente fragranti e per questo molto utilizzati in profumeria. **Le oleoresine** sono molto simili ai balsami ma hanno una consistenza più fluida e hanno un contenuto di oli essenziali più alto. **Le gommoresine** sono resine di vario tipo con inclusioni di gomme e hanno una consistenza vischioso gommosa, molte *Apiacee* producono gommoresine e le più utilizzate in profumeria sono il galbano e l'opoponax.

La produzione del resinoide inizia con l'estrazione dal materiale vegetale attraverso **solventi polari** come metanolo, etanolo acetone o a media polarità come toluene e diclorometano. Questi solventi dissolvono le sostanze che andranno a formare il resinoide che comprende sia le sostanze odorose sia in quantità elevata altre sostanze non volatili come gomme o acidi resinici. Il solvente viene eliminato per lasciare posto al resinoide vero e proprio che può essere poi diluito a titolo noto in altri solventi utilizzabili in profumeria come alcol etilico, glicole dipropilenico o benzil benzoato. Questo rende il resinoide più fluido e processabile in profumeria. Di solito vengono utilizzati come "fissativi" per la loro capacità di mediare l'evaporazione di altre molecole e di essere più tenaci rispetto ad altre materie prime.

Concrete

Le concrete sono estratti ottenuti a partire da droghe aromatiche organizzate (fiori, foglie, radici, ecc.) attraverso l'utilizzo di **solventi apolari**. Come i resinoidi si presentano come masse viscose o solide e contengono le sostanze aromatiche volatili ma anche residui non volatili come cere e lipidi. Le differenze con i resinoidi sono il materiale di partenza e i solventi d'estrazione, nel caso delle concrete il materiale di partenza è formato cellule e tessuti della pianta mentre nei resinoidi sono gli essudati. Per ottenere le concrete si usano **solventi apolari** come l'esano, rispetto invece ai solventi più polari utilizzati per estrarre i resinoidi. Inoltre, rispetto ai resinoidi, le concrete possono essere un prodotto del processo estrattivo dell'*enfleurage*.

Anche in questo caso l'estrazione con solvente può avvenire per macerazione o attraverso la percolazione a temperatura ambiente. Solo in alcuni casi particolari si opera attraverso digestione entro i 50-60 °C. Una volta ottenuta la soluzione estrattiva si procede ad allontanare il solvente con una distillazione sottovuoto per ottenere così la concreta propriamente detta. Questa sostanza verrà poi processata per ottenere le assolute.

Esistono diversi tipi di concreta a seconda del metodo estrattivo e del materiale di partenza.

La **concreta ex *pommade*** è prodotta durante il processo di enfleurage a partire dalla *pommade* attraverso la battitura ed agitazione del grasso carico di essenza in alcol etilico. Per decantazione e filtrazione si allontana poi l'alcool dall'estratto con la distillazione a pressione ridotta. Si ottiene così la Concreta ex pommade che contiene ancora residui di grassi e cere insolubili.

La **concreta ex** *Chassis* è ottenuta a partire dai fiori esausti eliminati durante la procedura di *defleurage* dai telai. I fiori esausti dopo essere stati stesi sul grasso nei telai vengono messi a macerare in esano in una sorta di lavaggio ad esaurimento. Questi fiori presentano ancora un po' di essenza e residui di grasso. La procedura è quella dell'estrazione con solvente e il prodotto ottenuto e definito concreta ex chassis ovvero concreta da telaio.

La **concreta ex idrolato** si ottiene recuperando la frazione idrosolubile degli idrolati ricavati per distillazione in corrente di vapore, ovvero le acque aromatiche. Con un solvente immiscibile in acqua (esano, toluene, benzene o etere di petrolio) si dibatte l'acqua aromatica, mediante estrazione liquido-liquido, cosicché le sostanze aromatiche più affini si trasferiscano nel solvente organico. Si elimina la fase acquosa e si procede con la distillazione sottovuoto dell'estratto per eliminare il solvente organico.

Assolute

Le assolute sono gli estratti più pregiati e preziosi, sono altamente rappresentative dell'essenza della pianta in natura e hanno il pregio di essere completamente solubili in alcol. La loro caratteristica principale è la naturalezza del profilo olfattivo, sfaccettato e realistico, che le rende ingredienti fondamentali per la costruzione di fragranze di profumeria fine. Il loro costo ne limita spesso l'utilizzo in formula ma questo è notevolmente ricompensato dall'effetto esclusivo che danno alla composizione.

Si ottengono attraverso estrazione alcolica a partire da concrete, resinoidi e altri tipi di estratti effettuati con grassi o solventi. Si tratta di una raffinazione dei suddetti prodotti che mira a catturare esclusivamente la parte più pura e completa dell'essenza. In generale si procede miscelando la sostanza di partenza con alcol etilico sotto agitazione continua e a temperature ambiente o comunque non sopra i 50 °C, la miscela così dibattuta viene raffreddata a 0 °C e subito filtrata per eliminare le cere. L'estratto alcolico viene messo in un condensatore sottovuoto e l'alcol viene fatto evaporare per ottenere il concentrato puro che prende il nome di assoluta.

Conseguentemente al materiale di provenienza, possiamo suddividere le assolute come di seguito indicato.

Assoluta ex resinoide ottenuta a partire dai resinoidi sequestrando solo la frazione alcool-solubile. Ha di solito consistenza e colore molto diversi dal materiale di partenza perché priva di sostanze resinose.

Assoluta ex concreta ottenuta a partire dalle concrete propriamente dette ovvero quelle estratte con solventi apolari, queste assolute possono essere di consistenza variabile, da solida a liquida.

Assoluta ex *pommade* o **Assoluta ex *enfleurage*** si ottiene a partire dalla pommade attraverso il metodo estrattivo dell'enfleurage descritto in precedenza, ovvero con la concreta ex pommade come prodotto intermedio.

Assoluta ex chassis si ottiene dalla concreta ex chassis sempre per estrazione alcolica, raffreddamento, filtrazione e distillazione sottovuoto per l'eliminazione dell'etanolo.

Assoluta ex idrolato è ottenuta a partire dalla concreta ex idrolato, è una materia prima poco diffusa ma molto particolare per la presenza della frazione solubile in acqua degli oli essenziali. Si possono utilizzare per dare completezza olfattiva ad un olio essenziale o come note accessorie in formula.

Estratti in CO_2 supercritica

Gli estratti in CO_2 supercritica presentano un profilo olfattivo completo e realistico, hanno una concentrazione elevatissima di fragranza e si possono ottenere anche da materiali complessi da estrarre con altri metodi. I metodi di estrazione sono eco-sostenibili e hanno un bassissimo impatto ambientale. Questi estratti talvolta possono però presentare sostanze difficilmente o poco solubili in alcol, devono perciò essere trattati o diluiti prima di inserirli in formula.

Anhydroli, pirogenati, oli e resine assoluti.

Nel vasto assortimento di materie prime naturali per la profumeria possiamo trovare anche altre materie prime meno diffuse ma molto particolari, frutto del lavoro di ricerca estrattiva delle grandi case essenziere.

Gli *Anhydrol* sono materie prime ottenute per estrazione con solventi altobollenti ed inodore da matrici prive d'acqua, si ottengono per **distillazione molecolare** a pressioni bassissime. I distillati molecolari ottenuti sono liquidi e solubili in alcol.

I **pirogenati** sono estratti attraverso un processo simile a quello della distillazione secca, si esegue ad alta temperatura e bassa pressione. Controllando finemente questi parametri si possono ottenere estratti solubili in alcol che manifestano delle note fumose e cuoiate che ben si armonizzano con l'essenza di partenza.

Gli **oli assoluti** sono oli essenziali derivati dalla distillazione in corrente di vapore delle assolute mentre le **resine assolute** sono estratti di essudati vegetali (resine, oleoresine, balsami) digeriti in alcol etilico a 60 °C. L'estratto viene filtrato e l'alcol allontanato per evaporazione sottovuoto. Talvolta l'alcol eliminato viene sostituito da un altro solvente inerte che funge da fluidificante.

Materie prime di sintesi

Abbiamo visto come lo sviluppo della chimica di sintesi e l'utilizzo di *aroma chemicals* nelle fragranze abbia trasformato il mondo della profumeria aprendo nuovi scenari e dando al profumiere nuovi strumenti espressivi.

Negli ultimi decenni si sta facendo sempre più vivo il richiamo e l'attenzione sull'impatto che hanno gli ingredienti cosmetici sull'ambiente. Anche la profumeria è al centro di questa rivoluzione e le grandi case essenziere stanno rivolgendo sempre più l'attenzione a prodotti e processi sostenibili nell'ottica di quella che viene definita *intelligenza ecologica*.

Naturale non sempre significa ecosostenibile: infatti, per diversi decenni, la raccolta spontanea incontrollata di piante per profumo o per aromi ha portato a rischio di estinzione molte specie, come nel caso di *Santalum album*. Per preservare le popolazioni spontanee di sandalo sono stati emanati, da alcuni enti locali, dei decreti che obbligano i raccoglitori di sandalo a piantare tre piante per ogni taglio effettuato e a limitare il taglio solo di porzioni della pianta con circonferenza idonea. Tra vent'anni si potrà iniziare a vedere il frutto di queste operazioni, favorendo positivamente l'aspetto eco-nomico/logico. Per diversi anni i laboratori si sono perciò dedicati alla ricerca di molecole di sintesi che potessero sostituire il sandalo e i profumieri a ricrearne delle basi ricostruite meno impattanti. Questa coscienza collettiva ha portato così molte aziende essenziere a tener conto del fatto che i processi devono essere sostenibili non solo sul naturale ma anche quando le produzioni riguardano i composti di sintesi. All'interno delle più grandi multinazionali dell'olfatto, i team di ricerca e sviluppo, basano sempre più il loro lavoro sulla ricerca di procedure di sintesi a basso impatto e di approvvigionamento sostenibile. Potete valutarlo voi stessi leggendo i report sulla sostenibilità che ogni anno vengono resi pubblici da queste grandi aziende.

Come scegliere gli aroma chemicals

La scelta degli *aroma chemicals* per lo studente di profumeria è uno dei dilemmi più discussi. Se da una parte c'è l'esigenza pratica di approfondire lo studio e la conoscenza degli ingredienti classici di sintesi dall'altra c'è la curiosità di conoscere nuovi ingredienti e nuove materie prime.

Sappiamo che sono numerosissimi gli *aroma chemicals* che vengono offerti dalle case essenziere e ogni anno questa proposta viene aumentata con nuovi prodotti. La scelta così diventa complicata ancor più se siamo al primo approccio. È bene, per iniziare, crearvi una lista dividendo le materie prime per gruppi olfattivi, partendo da quelli utili per i primi esercizi ed esperimenti per poi nel tempo ampliare la gamma.

Le materie prime di sintesi devono essere comunque valutate con cura e l'acquisto mirato a quelle conformi, tracciabili e sicure.

Spesso accade che la stessa materia prima di sintesi, prodotta da due diversi fornitori, può essere percepita in modo differente, questo succede perché anche i prodotti di sintesi risentono delle procedure di produzione e talvolta possono essere contaminate, avere un basso indice di purezza presentare un numero diverso di isomeri o essere state conservate in modo difforme.

La prima regola è: scegliere la **qualità** e non la quantità. Un prodotto di qualità standard deve rispecchiare le monografie in letteratura e i parametri forniti con il bollettino d'analisi.

Documenti e tracciabilità: ogni materia prima deve essere accompagnata da un'apposita documentazione relativa agli aspetti tecnici e a quelli di sicurezza, fondamentali per l'utilizzo in laboratorio e per il regolatorio delle formule che saranno composte.

Valutazione per raggruppamento: un buon consiglio che mi è stato dato, quando quindici anni fa ho iniziato a studiare profumeria, è stato quello di valutare gli aroma chemicals per gruppi. Perciò vi consiglio di acquistare o studiare poche materie prime per volta, rappresentative di quel gruppo. Per esempio, se state studiando le aldeidi valutate al massimo tre prodotti per volta, magari i più noti (ad esempio: *C12 MNA, C9, Geraldeide*), definendone gli aspetti fondamentali e le differenze. Oppure se volete studiare la nota di violetta cercate due o tre prodotti di sintesi che abbiano in descrizione olfattiva questa nota e procedete con le valutazioni. Nell'eserciziario troverete una scheda di valutazione nella quale inserire per ogni materia prima le vostre considerazioni.

Come utilizzare gli *aroma chemicals*

Quando parliamo di *aroma chemicals* intendiamo una sostanza in purezza o diluita a titolo noto, utilizzata come materia prima per la realizzazione delle fragranze. Queste possono presentarsi liquide, molto dense, viscose, in cristalli più o meno agglomerati o in polvere sottile. Come regola imprescindibile gli *aroma chemicals* (ma in generale tutti gli ingredienti) non devono essere annusati dal flacone né portati troppo vicino alle narici. È bene diluire queste sostanze per valutarle correttamente e utilizzare sempre i tamponi di carta (vedi più avanti).

I contenitori di stoccaggio devono sempre essere inerti, ermetici e scuri per preservare il prodotto dai raggi luminosi. I flaconi in vetro verde, blu o ancora meglio ambrato, offrono una buona protezione nei confronti dei raggi UV. Un altro flacone utilizzato per lo stoccaggio è il flacone in alluminio, con tappo ermetico e interno verniciato con componenti a norma atossici e inerti, che offrono protezione totale nei confronti della luce.

Come vedremo nel capitolo sull'allestimento dell'*orgue à parfum* molte materie prime, soprattutto di sintesi, hanno bisogno di essere diluite a titolo noto per poter essere utilizzate nella fase di composizione. Alcuni muschi sintetici "funzionano" meglio a diluizioni più basse oltre ad essere più agevolmente utilizzabili, altre note molto intense invece sono da diluire per renderne più preciso il dosaggio soprattutto se vanno utilizzate in tracce.

Preparazione delle materie prime per la composizione

Classificazione e studio delle materie prime

Per preparare le materie prime da utilizzare in composizione la prima necessaria fase è quella di classificarle ed ordinarle.

Da sempre gli studiosi hanno proposto diversi metodi di organizzazione e classificazione delle materie prime, cercando il raggruppamento olfattivo più corretto che potesse accontentare tutti in maniera univoca. Già Aristotele cercò di classificare gli odori in sei famiglie e ispirò poi Linneo ad individuare sette gruppi di classificazioni degli odori. Moltissimi autori tentarono di classificare gli odori e di cercare quelli definiti "primari", questo succede ancora ai giorni nostri. Si potrebbe scrivere un intero tomo su questo, dato che possiamo trovare categorizzazioni che variano da sette, otto a più di quaranta gruppi, spesso suddivisi in ulteriori sottocategorie, oppure lèggere periodicamente schemi a forma di griglie, ruote, ventagli o alberi che tentano di sistematizzare gli odori.

Ma perché succede questo? L'olfatto viene definito come "il senso senza parole" perché non esiste un linguaggio specifico, fatto di nomi comuni, per descrivere un odore ma ci si rifà ad aggettivazioni e riferimenti indiretti. Per descrivere un colore abbiamo adottato linguisticamente un codice specifico, la frase "la foglia è verde" è di immediata comprensione per i più e ci immaginiamo, anche se in modo diverso, il verde o comunque una sua sfumatura. Per definire un odore invece facciamo sempre riferimento a qualcos'altro ponendo uno sforzo immane tra l'immediata percezione olfattiva e le espressioni linguistiche più valide per descriverla. Accade perciò che per descrivere un odore si utilizzino frasi come "è simile a…", "sa di…" spesso ricercando riferimenti e similitudini. Quindi, se diciamo "la foglia ha odore di limone" riusciamo, bene o male, a farci capire ma se dobbiamo descrivere l'odore del limone, dire "il limone ha odore di limone" (o come molti testi riportano "odore caratteristico"), non ha molto senso; perciò sono stati adottati termini più generici che possano categorizzare la prima impressione che si ha nel sentire un odore. Agrumato, fiorito, legnoso, fruttato, sono solo un piccolo esempio delle categorie che attualmente si utilizzano per descrivere gli odori. Ogni fornitore ed essenziere proporrà la sua finché non si troverà un linguaggio comune, universale e condiviso per definire gli odori.

Detto ciò, lo studente in profumeria dovrà iniziare a costruirsi un suo metodo personale per classificare le materie prime. Per farlo si possono prendere in considerazione diversi aspetti delle fragranze e catalogarle in base al tipo di sostanza, al loro odore, al loro range di volatilità, al loro impatto, alla loro specie chimica, ecc.

Una buona norma è trovare delle sottocategorie di riferimento; per esempio, se creiamo la categoria dei *fioriti* o *floreali* si potranno inserire dei sottogruppi di odori relativi al gelsomino, alla rosa oppure sotto-catalogarli in ordine di tenacia.

Classificazione per gruppi olfattivi

Di seguito, per iniziare a dare una direzione alla costruzione dell'*orgue à parfum*, proverò ad indicarvi un metodo generico di catalogazione attraverso quelle utilizzate da alcune tra le maggiori case essenziere. Ci tengo a sottolineare che questa non può e non vuole essere una catalogazione univoca e che io stesso ho nel tempo ricollocato e rielaborato la mia personale classificazione delle materie prime. È necessario che troviate la vostra *confort zone* sentendovi liberi di cambiare, sostituire, fondere, ampliare o eliminare alcuni dei gruppi riportati. Il fine è quello di organizzare il vostro spazio di lavoro, sia fisico che mentale.

Tabella 5

Note Olfattive	Produttori materie prime			
	Iff	**Symrise**	**Robertet**	**Firmenich**
Agrumate	✓	✓	✓	✓
Aldeidiche		✓	✓	
Ambrate	✓	✓	✓	✓
Animaliche		✓	✓	
Aromatiche		✓	✓	✓
Balsamiche		✓		
Cuoiate			✓	
Erbacee	✓			
Fiorite	✓	✓	✓	✓
Fresche	✓			
Fruttate	✓	✓	✓	✓
Gourmand			✓	✓
Legnose	✓	✓	✓	✓
Muschiate	✓	✓	✓	✓
Ozonate			✓	
Polverose	✓			
Speziate	✓		✓	✓
Tabaccate			✓	
Verdi	✓	✓	✓	✓

È particolare notare in tabella come alcune definizioni siano comuni mentre altre non completamente condivise dalle diverse case essenziere. Il termine "fresco", per esempio, potrebbe essere definito "ozonico" da un altro produttore oppure "balsamico" o "aromatico" da altre aziende.

Se volete potete creare dei gruppi secondari, per alcune di queste definizioni, che descrivono altre caratteristiche come: ulteriori sensazioni olfattive, l'impatto, la persistenza o la volatilità.

Scala di volatilità

In profumeria il termine **volatilità** si riferisce alla proprietà di una determinata sostanza aromatica di effondere nell'aria in funzione del tempo. Per quanto riguarda gli ingredienti di sintesi o le singole molecole chimiche il valore da prendere in considerazione è quello della tensione di vapore. Per le materie prime naturali, formate da una miscela complessa di numerose e differenti molecole chimiche, non si può fare riferimento alla tensione di vapore, perciò si parla di **volatilità relativa**. In generale per definire la volatilità di un olio essenziale o di un'assoluta si fa riferimento alla volatilità dei suoi costituenti caratterizzanti, individuando un range entro il quale la materia prima perde gran parte delle sue caratteristiche. In realtà alcune note permangono in quello che nell'analisi olfattiva di una materia prima naturale viene definito **dry-down** ovvero la percezione di note di coda che durano più a lungo ma non sono più quelle caratteristiche dell'estratto iniziale. Questa valutazione però è tendenzialmente soggettiva e varia da profumiere a profumiere. Il modo pratico per determinare il range di volatilità delle materie prime è quello di valutarlo attraverso analisi diretta. Questa misura può essere ricavata sia per le materie prime sintetiche che per quelle naturali con il seguente esperimento analitico:

Ci serviamo di un foglio di carta da filtro di 10x10 cm;

Si pesa il foglio con una bilancia di precisione e si annota il peso;

Si pesa 1 g di sostanza da analizzare;

Si pone il filtro in piano su un vetro da orologio, un contenitore pesa-filtri o una piastra Petri e si tara;

Si versa la sostanza da valutare precedentemente pesata sul filtro;

Si annotano le variazioni di peso ad intervalli regolari ogni 15 minuti nell'arco di 2-3 ore;

A questo punto possiamo calcolare in proporzione i tempi di evaporazione della sostanza indicati in mg/h.

Nel quaderno degli esercizi troverete alcune di queste attività pratiche sulla volatilità.

È molto importante che l'esperimento avvenga sempre in ambiente a temperatura costante e controllata, lontana da fonti di calore e priva di correnti d'aria o ventole nelle vicinanze. Questi parametri se rispettati porteranno valori relativi accettabili e comparabili.

Possiamo così scrivere la scala di volatilità delle nostre materie prime in ordine decrescente, quindi dal più volatile al più tenace ed individuare, per esempio, 7 gruppi:

1. Altamente volatile
2. Volatile
3. Medio alta volatilità
4. Media volatilità
5. Medio-bassa volatilità
6. Bassa volatilità
7. Bassissima volatilità

Solitamente è bene realizzare due scale di volatilità separate: una per gli *aroma chemicals* e una per i naturali, dato che le due non sono completamente confrontabili tra loro.

Costruzione ed organizzazione dell'*orgue à parfum*

L'*orgue à parfum* è l'insieme di tutte le materie prime che il profumiere utilizza in fase di sviluppo per la composizione e formulazione delle fragranze. Possiamo definirla come la **gamma di ingredienti** a disposizione, appositamente preparati, per costruire la formula. Partendo dalla classificazione personale delle materie prime che abbiamo effettuato iniziamo a definirne l'ordine, raggruppandole anche fisicamente in uno spazio ben organizzato. Questo serve per agevolare la ricerca dell'ingrediente durante le fasi di composizione. Abbiamo tutti in mente le immagini dei classici *orgue à parfum* formati da un tavolo semicircolare con delle mensolature degradanti ad anfiteatro che accolgono i flaconi con le materie prime per la composizione; è sicuramente un'immagine affascinante e per certi versi anche pratica che va bene se avete tanto spazio a disposizione e un numero contenuto di materie prime. Quando il "parco materie prime" aumenterà, auspicabilmente a dismisura, vi troverete a dover gestire sia il magazzino ingredienti, sia le materie prime preparate per la composizione; inoltre, come vedrete nella parte dedicata alla formulazione, è meglio lavorare su un quantitativo selezionato di materie prime per volta, organizzandovi la *palette* ovvero **la tavolozza** specifica per ogni progetto. Per questi motivi scegliete con cura la disposizione del vostro *orgue à parfum* utilizzando mensole o scaffali al riparo dalla luce, in un ambiente fresco con facile ricambio d'aria, magari utilizzando delle scatole ermetiche per contenere la dispersione degli odori e, soprattutto, utilizzate una codifica ordinata che vi faccia trovare in breve tempo la materia prima.

Le materie prime che si utilizzano per la fase compositiva devono essere accuratamente preparate. Alcune materie prime sono necessariamente da diluire per diversi motivi, se l'estratto si presenta viscoso, in polvere o solido è necessario discioglierlo in un solvente quale etanolo, glicole dipropilenico, in alcuni casi benzil benzoato o altri di seguito indicati. Per facilitare calcoli accurati e minimizzare gli errori la diluizione deve essere a titolo noto, possibilmente p/p %, in modo da essere precisi e lavorare sempre sulla stessa unità di misura.

Il solvente e la diluizione da scegliere cambiano in base alla materia prima che state trattando.

Per le assolute è bene utilizzare l'**etanolo** data la loro completa solubilità nel medium, gli oli essenziali tendenzialmente vanno diluiti in etanolo ma alcuni casi particolari come certi estratti di *Ylang ylang* necessitano di **soluzioni idroalcoliche** o un mix di solventi per solubilizzarsi completamente. Gli estratti in CO_2 supercritica si possono diluire in alcol o in **glicole dipropilenico** a seconda della loro solubilità. Le aldeidi restano più stabili nel glicole dipropilenico come anche gli esteri. I muschi più difficili da maneggiare si diluiscono bene in **Benzil benzoato** anche se questo solvente non è inodore ma presenta un suo profilo olfattivo, seppur lieve, che ricorda alcune note balsamico-aromatiche del gelsomino. Per i resinoidi è diffuso l'uso del **tri-etil citrato** che si adatta bene ad estratti più polari. Per estratti apolari come le concrete è consigliato l'uso dell'**isopropil miristato** che ha anche una funzione di rallentare l'evaporazione di alcuni costituenti ed è perciò definito un *"fissativo"* inodore. In aggiunta se l'estratto lo richiede potete utilizzare antiossidanti in bassissime dosi come il **BHT** o uno stabilizzante UV come il **2etilesil salicilato**.

Tecniche di composizione

Ricerca e sviluppo di fragranze

In questa parte prenderemo in esame tutti gli step necessari per organizzare il laboratorio del profumiere. Quello che abbiamo definito ed imparato nei capitoli precedenti può ora essere messo in pratica. Nella prima parte infatti abbiamo capito come riconoscere, ottenere le singole materie prime e lavorarle per avere a disposizione una gamma di essenze pronte ad essere utilizzate nella fase di creazione e sviluppo della fragranza.

Affronteremo ora come organizzare ed allestire il laboratorio e lo spazio di lavoro. Dedichiamo un po' di tempo a conoscere meglio le attrezzature e gli strumenti di base necessari. Vedremo qual è l'importanza della palette durante la fase di sviluppo e come organizzarla caso per caso.

Nei capitoli successivi analizzeremo poi dettagliatamente le tecniche di composizione per ottenere accordi, basi e fragranze complete. Le tecniche descritte sono approcci molto utili per iniziare e costruirsi nel tempo il proprio metodo.

Il laboratorio del profumiere

Attrezzatura e strumentazione di base

Per iniziare a comporre dobbiamo allestire uno spazio ben definito che sarà la nostra postazione di lavoro. Dobbiamo tener
conto del fatto che avremo bisogno di una sistemazione che ci
permetta sia di scrivere ed annotare ogni esperimento, sia di lavorare comodamente alla parte pratica laboratoriale. Partendo dagli
spazi a nostra disposizione possiamo organizzare un tavolo nel
quale sia presente la nostra bilancia e tutte le attrezzature che andremo a scoprire di seguito. Non è necessario uno spazio grande,
a me è capitato di lavorare sia in spazi ampi e super organizzati, a
volte ultramoderni, a volte un po' più datati seppur affascinanti,
sia in un semplice deschetto o addirittura su un tavolo da giardino
o sull'erba di un prato. Quello che conta veramente sono la possibilità di ricambio d'aria, il confort, l'ordine e la possibilità di stare
concentrati. Per il resto ci si adatta. Noterete poi che cambiando
ambiente avrete una percezione della composizione differente.
Vediamo ora quali possono essere gli strumenti necessari per la
preparazione delle materie prime e quelli indispensabili per la sessione creativa.

Pipette Pasteur

Le pipette sono uno strumento indispensabile per la creazione di
una fragranza, ci permettono infatti di dosare in modo preciso la
materia prima durante la formulazione e di facilitare le pesate e i
travasi. Le pipette Pasteur sono dei tubicini di vetro con una estremità più lunga e stretta e l'altra dal diametro un poco più largo
dove viene fissata una tettarella di gomma. L'estremità sottile si
immerge nel liquido da prelevare e schiacciando la tettarella si

provocherà l'uscita d'aria dal tubicino in vetro e il liquido, per divario di pressione, sostituirà l'aria espulsa riempendo il tubicino. Ora se noi teniamo la pipetta perpendicolare al piano di lavoro, e se questa è integra e ben montata, il liquido all'interno non uscirà per via dell'equilibrio creatosi con la pressione atmosferica. Premendo la tettarella il liquido potrà essere espulso anche lentamente goccia a goccia. Queste pipette Pasteur sono molto valide perché il vetro è un materiale inerte nei confronti dei solventi e delle sostanze che utilizziamo. Tuttavia, la manutenzione di questi strumenti non è molto facile, dopo ogni utilizzo per non rischiare di contaminare le materie prime le pipette in vetro andrebbero lavate con un sapone neutro, fatte asciugare e avvinate con etanolo puro per eliminare ogni impurità. Oggi troviamo in commercio le cosiddette pipette Pasteur monouso in plastica, sono l'alternativa a quelle classiche in vetro e ad ogni utilizzo si possono eliminare per evitare contaminazioni crociate tra materie prime. Questa pratica "dell'usa e getta" può sembrare poco ecologica, perciò vi consiglio di riciclarle nella plastica a patto che non siano troppo sporche. Se volete prima di gettarle "spipettate" in un barattolino con dell'etanolo per ripulirle. Se conservato, pian piano, questo etanolo prenderà un buon odore e magari ci potete fare qualche sampler da regalare o spruzzarlo sul *pout pourri* in casa.

Flaconi e vials portacampioni

Ogni esperimento di formulazione che andremo a fare avrà come fine quello di essere catalogato e valutato anche a distanza di giorni o mesi. Il primo approccio sarà quello di formulare degli accordi specifici e per questo step sono necessari dei flaconi abbastanza piccoli nell'ordine di 2-5 ml. Sono consigliati i vials portacampione in vetro che non interagiranno con il contenuto. Questi contenitori hanno un tappo di plastica con una gomma inerte al loro interno che, alla chiusura, formerà una barriera ermetica evitando la fuoriuscita del campione e l'ingresso d'aria. Per la conservazione degli accordi di studio sono molto indicati i vials ambrati che preservano il campione anche dalla luce. Nel caso di formulazioni più complesse il consiglio è di utilizzare flaconi con una capacità di 5-10 ml, sempre in vetro ambrato oppure in questo caso trasparente se si vuole valutare la colorazione della fragranza o la limpidezza.

Ogni volta, prima di iniziare gli esperimenti, è fondamentale preparare un'etichetta scrivendo data, codice dell'esperimento e poi la tara ovvero quanto pesa il contenitore compreso di etichetta (escluso il tappo). Le stesse identiche informazioni vanno inserite nel quaderno di laboratorio appena si inizia a formulare. La pratica insegna che i tappi di solito hanno tra loro una certa variabilità di peso e che durante le operazioni di valutazione possono cadere, contaminarsi oppure essere scambiati per errore; perciò, in questi casi, dovranno essere sostituiti modificando, seppur di poco, le pesate. Per questo motivo è bene non inserirli nella tara e pesare sempre il campione senza tappo.

Bilancia

La bilancia è uno strumento indispensabile per il profumiere, tutto ciò che si andrà a formulare deve essere misurato e riportato in peso. Questo perché lavorare in volumi non garantisce la ripetibilità dell'esperimento. Infatti, la densità (rapporto tra massa e volume) di ogni sostanza è differente e varia in funzione della temperatura introducendo un errore non di poco conto nella misurazione. Inoltre, la misurazione dei volumi, ci porta a commettere altri errori, in primis quelli accidentali come quello di **parallasse,** ovvero la posizione dell'osservatore non precisa rispetto allo strumento, ma anche quelli sistematici relativi alle imprecisioni dello strumento. La bilancia invece ci offre un metodo standard, ripetibile, necessario al lavoro di precisione che andiamo a svolgere dato che di solito il profumiere lavora con quantitativi piccoli. Ovviamente parliamo di strumenti digitali molto precisi e pratici.

Scegliere la bilancia

Per identificare la bilancia migliore ci si basa su due parametri fondamentali: capacità e leggibilità. **La capacità** è il carico massimo che lo strumento può sopportare, è un valore nominale che comprende anche il peso relativo al contenitore che utilizziamo quindi il peso di tutto ciò che andiamo a posare sul piatto della bilancia. Quando si sceglie la bilancia è importante capire cosa andremo a pesare per non starare o rovinare lo strumento con pesate eccessive. Più è alto questo valore di capacità e più aumenta il costo della bilancia anche in relazione alla divisione o leggibilità. **La leggibilità** è invece il valore di divisione che lo strumento usa ovvero il peso minimo rilevabile dallo strumento, più è basso questo valore più il costo dello strumento salirà. Nel nostro caso, lavorando con piccole quantità, le leggibilità di 0,01 g o meglio 0,001 g sono le più indicate per definire in modo preciso le percentuali in formula. Altri parametri da tenere in conto quando si acquista una bilancia sono quelli relativi alle funzioni aggiuntive che questa offre, per esempio l'alimentazione a batterie che risolve i problemi di ingombro e trasporto, la possibilità di collegare lo strumento ad un computer o una stampante per non incorrere in errori di trascrizione, il sistema antivibrazione, ecc.

Come effettuare la pesata

La bilancia va posizionata in un piano regolare e a livello, non soggetto a vibrazioni o scossoni in un ambiente privo di correnti o spostamenti d'aria (alcune bilance, le più sensibili, presentano una struttura in vetro che la riparano dagli spostamenti d'aria). Si posa il contenitore al centro del piatto di pesata, si attende qualche secondo che il peso sia stabile e si registra la tara (sull'etichetta del contenitore e sul quaderno). Una volta registrata la tara questa si esclude con l'apposito tasto (tare, zero) in modo che la bilancia si azzeri e ci comunichi il peso effettivo della sostanza che andremo a pesare. Una volta stabilizzato il peso lo si riporta sul quaderno nella formula.

Tamponi da profumo

Per poter testare la nostra preparazione dobbiamo poterla valutare e analizzare soprattutto attraverso l'olfatto, anche in questo caso abbiamo bisogno di un metodo che sia replicabile e costante. Per fare questo ci doteremo di strisce di carta da test che abbiano delle caratteristiche ben precise. Sono comunemente chiamate *mouillettes, touches a sentir, perfume test strips* o *scent blotters*. Dal punto di vista analitico sono dei tamponi di carta che si immergono nel campione e si annusano per valutare diversi aspetti compositivi della fragranza. La carta per i tamponi deve essere priva di trattamenti chimici, acidi e colla. Si consigliano tamponi della larghezza massima di 1 cm lunghi variabilmente dai 10 ai 18 cm, un'estremità dovrà essere rastremata o piegata longitudinalmente per inserirsi facilmente nella bocca dei flaconi in esame. La grammatura della carta può variare dai 130 g/m^2 ai 180 g/m^2, la carta più sottile da 130 g/m^2 è molto utile per studiare le materie prime e valutare accordi con poche note perché trattiene meno le molecole più volatili e restituisce subito le caratteristiche complessive del campione. Per valutare invece fragranze complesse e come queste si comportano nel tempo è preferibile una carta più spessa. La valutazione della fragranza in composizione va fatta sempre per immersione limitandosi a bagnare la punta del tampone per circa mezzo centimetro. Questa non è una regola fissa ma ovviamente troppe immersioni modificheranno gli equilibri in formula, perciò, è meglio prelevare meno composto possibile durante la valutazione.

Quaderno di laboratorio

Il quaderno di laboratorio è fondamentale, ogni laboratorista ne ha uno dove registra, giorno dopo giorno, i progressi e gli esperimenti. Scrivere metodicamente tutto ciò che si sta studiando e processando è la regola base per garantire tracciabilità, ripetibilità e verifica. Il quaderno da laboratorio è un quaderno dedicato solo alla notazione dei processi di sviluppo ed è diverso dal notebook che usiamo nella fase creativa per annotare idee di accordi, nuove fragranze e progetti. Tenendo separati questi due strumenti si potrà controllare meglio l'iter compositivo e fare le dovute valutazioni anche a distanza di tanto tempo.

Il formulario

Il formulario rappresenta il frutto del lavoro svolto e contiene tutte le formule definitive che il profumiere ha sviluppato durante tutto il suo periodo d'attività. Si tratta di un raccoglitore con le formule quali quantitative stampate e i codici identificativi di ognuna, si può suddividere in formule di accordi, formule delle basi e formule di fragranze complete a loro volta suddivise per utilizzo (fine fragrance, funzionali, ambiente, ecc.). Questa cartella può essere sia in forma fisica di pratica consultazione sia in formato digitale creando un database specifico. È molto importante che venga custodito con cura e protetto e il suo accesso, nel caso, strettamente limitato agli addetti ai lavori o alle persone di fiducia che lavorano con voi.

Dal concept alla composizione

La prima azione da compiere quando andiamo a realizzare lo sviluppo di un nuovo prodotto è quella di realizzare un progetto. Nella ricerca e sviluppo di nuovi prodotti è fondamentale redare un documento che possa essere condiviso da tutti gli attori coinvolti. Per iniziare bisogna sapere ed avere già in mente cosa si vuole sviluppare e iniziare a stilare una lista delle caratteristiche che possano rappresentarlo. Nel caso si lavori in un gruppo di persone, con un cliente specifico oppure ad un proprio progetto personale è necessario definire tutti gli aspetti che definiscono il nuovo prodotto. Il concept di prodotto è una esposizione descrittiva del prodotto in base alle caratteristiche fisiche, percettive e agli elementi grafici che lo contraddistinguono. Concepire un prodotto è perciò un lavoro molto preciso che ha bisogno di un documento di facile e rapida consultazione per tutti coloro che interverranno nelle varie tappe di sviluppo, produzione e promozione. Una fase fondamentale nella realizzazione del progetto è infatti la stesura del creative brief che individuerà anche gli aspetti comunicativi e quelli di marketing relativi al prodotto finale. Il profumiere può farsi così portavoce della propria idea creativa stilando un progetto e comunicandolo al cliente oppure seguendo le linee guida del brief proposto dall'azienda per sviluppare una formula quanto più affine al concept iniziale. In entrambi i casi la progettazione è una fase necessaria e utile e contraddistingue i professionisti dai profumieri hobbisti. Saper leggere e interpretare un brief e saperlo redigere e comunicare sono competenze che non possono mancare nella formazione di un bravo profumiere. Anche chi si occupa di profumeria artistica, un po' più libera in termini di scelte di mercato, non è dispensato da questo lavoro di progettazione e ideazione delle proprie opere, esattamente come fa un designer o uno scrittore.

In questo trattato ovviamente sarebbe complesso descrivere tutte le fasi di progettazione, di ricerca e di sviluppo, rimando perciò allo studente interessato l'approfondimento in testi specifici sull'argomento.

La tavolozza personalizzata

Ogni progetto necessita di una scelta programmata di materie prime da inserire in formula, abbiamo visto in precedenza come preparare singolarmente le materie prime per il nostro *orgue à parfums* che conterrà tutta la nostra collezione di ingredienti per il lavoro in laboratorio. La tavolozza è invece la serie di materie prime che prenderemo in considerazione ogni volta che ci dedicheremo alla composizione di un accordo o di una fragranza. L'esempio più comprensibile è quello del pittore che per ogni progetto avrà davanti e lavorerà su determinati colori per realizzare la sua opera. Allo stesso modo il profumiere non ha bisogno di avere a portata di mano tutte quante le materie prime per iniziare a comporre ma si dovrà concentrare sulla tavolozza. La preparazione della tavolozza non deve mai passare in secondo piano è un punto focale nello sviluppo della fragranza e permette al profumiere di lavorare con disciplina e professionalità favorendo il processo creativo. La pratica insegna che la tavolozza iniziale non sarà quasi mai quella definitiva ma durante il processo di sviluppo verrà modificata e integrata per procedere a definire la formula finale.

Come si sceglie la tavolozza?

Quando abbiamo scelto il progetto su cui lavorare procediamo con la preparazione della tavolozza. Questo ci permette di avere già un'immagine mentale di ciò che si andrà a creare. Che si tratti di un accordo iniziale, della costruzione di una base o una formulazione più strutturata dobbiamo sistemare sul banco di lavoro le varie materie prime scelte. È buona norma scrivere nel quaderno da laboratorio la tavolozza di partenza e le varianti che di volta in volta andremo ad inserire.

Posizioniamo i flaconi sul banco di lavoro avendo cura di sistemarli in modo da non intralciare i nostri movimenti e non rischiare quindi di rovesciarli. I flaconi come abbiamo visto possono già avere il loro dosatore oppure attribuiamo ad ognuno la propria pipetta Pasteur. In questo caso per non confondere i dosatori sarebbe opportuno segnarle con un codice utilizzando un pennarello vetrografico a punta fine o mettere una piccola etichetta distintiva. I flaconi dovranno restare aperti il minor tempo possibile poiché a lungo andare parte del contenuto potrebbe evaporare o andare a sovraccaricare l'aria nel luogo di lavoro e di conseguenza falsare le nostre valutazioni olfattive.

Per ogni progetto avremo bisogno di una tavolozza particolare, spiegherò in dettaglio nei prossimi capitoli come costruire la tavolozza a seconda delle esigenze, se stiamo lavorando su un accordo, su una base o su una fragranza complessa.

Gli accordi

In profumeria si definisce **accordo** l'esito simultaneo di due o più note olfattive percepite nel loro insieme. L'accordo, come vedremo nel dettaglio, può avere una costruzione verticale o orizzontale e le note possono essere assonanti, consonanti o dissonanti.

La tavolozza per gli accordi

La tavolozza per gli accordi per chi è agli esordi nella formulazione sarà costruita ai fini di studio pratico per capire come si conciliano le note olfattive, quindi, si partirà da accordi cosiddetti classici come ad esempio: lavanda, muschio di quercia e cumarina per ottenere un accordo fougère oppure da accordi monotematici come la rosa cercando di ricreare con sole tre note il suo aspetto (geraniolo, citronellolo e alcol fenil-etilico). Nel quaderno degli esercizi troverete diversi esempi di attività per approfondire i principali accordi classici. Nel caso invece di accordi più complessi o di nuove intenzioni creative si parte da una materia prima principale detta fondamentale alla quale verranno accostate altre. Se per esempio il progetto è su un accordo mediterraneo iniziamo immaginando lo scenario ed individuando le note principali che possono essere agrumate, ozonate e aromatiche. Tra queste scegliamo la fondamentale per esempio l'assoluta di elicriso (aromatica) e successivamente tre note ozonate a scelta e tre note agrumate a scelta. Abbiamo organizzato già una tavolozza piccola che sarà formata da sette note con L'ABS d'Elicriso come fondamentale. Vedremo poi come procedere con gli intrecci per arrivare all'accordo finale.

Armonia e architettura dell'accordo

Studiare la forma e l'armonia in profumeria non è facile. Gran parte del lavoro del compositore profumiere si basa proprio sulla comprensione di come la mescolanza di più note si armonizzi e si svolga nel tempo. Iniziamo a vedere come possono essere strutturati gli accordi per comprenderne la linearità, e come si relazionano le note olfattive al loro interno.

Abbiamo anticipato che gli accordi possono essere orizzontali o verticali. Questa suddivisione si basa sulla volatilità delle materie prime. La scala di volatilità deve essere redatta dal profumiere in termini soggettivi o oggettivi, ovvero dalle nostre valutazioni e da quelle trovate in bibliografia, secondo le indicazioni già discusse. È buona norma tenere a disposizione la scala di volatilità durante le sessioni di composizione almeno al principio finché questi dati non saranno memorizzati.

Accordi orizzontali

Per accordo orizzontale si intende un accordo di due o più materie prime che rientrano nel medesimo range di volatilità. Perciò l'accordo avrà un movimento lineare nel tempo e si percepirà per tutta la durata allo stesso modo.

Un esempio di accordo orizzontale a tre note:

In questo accordo agrumato il range di volatilità degli ingredienti è simile, quindi percepiremo tutte le materie prime, secondo le dovute proporzioni, per tutta la durata dell'accordo.

Accordi verticali

L'accordo verticale è un accordo di due o più note ognuna con diverso range di volatilità. Perciò la risultante sarà un'armonizzazione che si percepisce subito nell'insieme e che svela nel tempo le note sottostanti meno volatili.

Un esempio di accordo verticale a tre note:

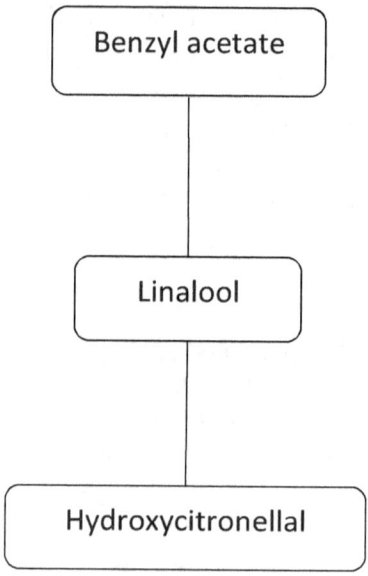

Questo accordo floreale verrà percepito nell'immediato completo di tutte le tre note, l'acetato di benzile lascerà poi posto alla nota centrale insieme all'idrossicitronellale che sarà la nota che resterà più a lungo presente.

Accordo incrociato o armonizzazione complessa

L'armonia complessa di un accordo si ottiene sovrapponendo le due tipologie di accordi precedenti: verticale ed orizzontale, per dare tridimensionalità e spessore. Quindi, possiamo definire un accordo incrociato la sovrapposizione di un accordo verticale con uno orizzontale che presentano una nota in comune.

Esempio di accordo incrociato:

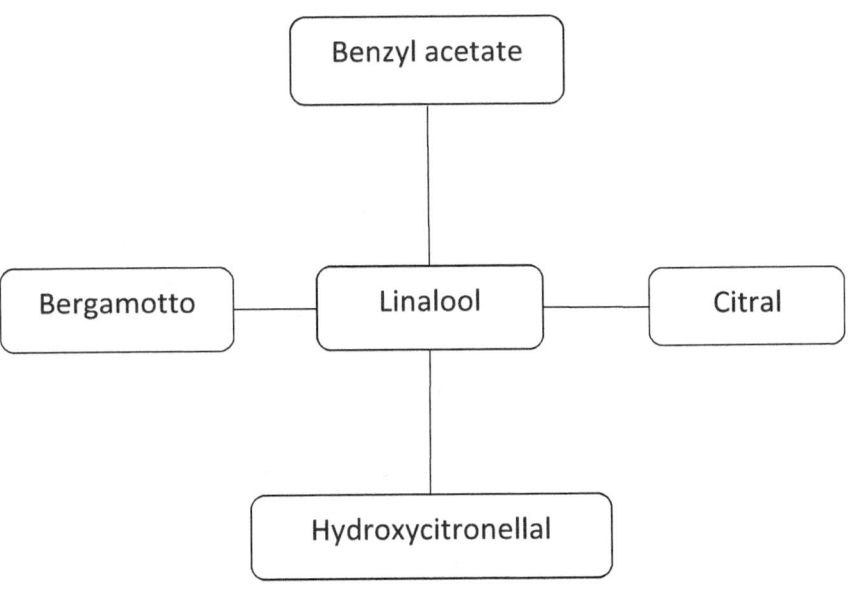

Provando ad incrociare gli accordi già presi in esempio possiamo ottenere questo accordo floreale-agrumato. Questa sarà un'armonia complessa tra cinque note con un ottimo volume ed una buona dinamica.

La tecnica di incrocio degli accordi è un esercizio necessario per sviluppare la tecnica dell'intreccio e quindi progettare e realizzare una fragranza più strutturata. Questa è, a mio avviso, la base teorica della composizione e formulazione della profumeria. Un altro fattore importante nella costruzione dell'accordo sarà l'assonanza o meno tra le note, un aspetto troppo spesso tralasciato che verrà ben discusso in un capitolo a parte. Vediamo ora come gestire gli equilibri e iniziare a sviluppare gli accordi.

Architettura L-E-F-T©

Durante i miei studi di composizione, nel corso degli ultimi 15 anni, ho cercato un approccio schematico ed intuitivo che potesse aiutare nella progettazione e costruzione degli accordi e delle fragranze, senza tralasciare gli aspetti scientifici della formulazione. Provando ad incrociare teoricamente gli accordi in fase progettuale, mi son reso conto che questi si possono classificare schematicamente in quattro gruppi principali. Ho individuato e raggruppato le forme che si possono sviluppare con gli accordi complessi basandomi sui range di volatilità delle materie prime e sulle strutture verticali e orizzontali immaginando come queste possono interagire e risuonare. Ho così potuto verificare che è molto utile per progettare l'accordo, e in seguito le fragranze, partire dalla configurazione visiva che riassumerò nei quattro cluster che vi descrivo. Una volta progettato il design dell'accordo procederemo a sviluppare l'accordo vero e proprio con i rapporti quantitativi che vedremo nei capitoli più avanti.

Configurazione L

Come abbiamo visto gli accordi a tre note possono avere una conformazione verticale o orizzontale in base al loro range di volatilità. Il gioco si complica se decidiamo di avvalerci di due note a volatilità simile e una diversa, in questo modo si forma un "perno" nella linearità della triade che piega la linea in un punto. Formando visivamente una L come nello schema che segue.

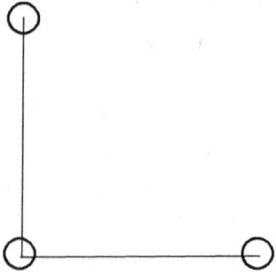

Come potete vedere la forma a L è puramente intuitiva possiamo ribaltarla o ruotarla ma la sostanza non cambia ovvero abbiamo sempre una triade formata da due note a volatilità simile e una diversa.

Configurazione T

È una forma basata su quattro note ovvero su una triade che si accorda con una terza nota che verrà posta visivamente al centro della triade per formare un accordo dinamico.

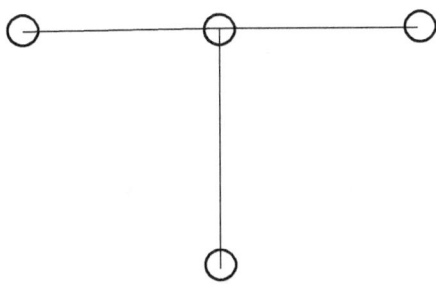

Anche qui possiamo ruotare e trasformare l'accordo come preferiamo. Con quattro note possiamo introdurre anche il concetto di design compatto o dinamico dell'accordo. Ai più attenti non sfuggirà che se spostiamo dalla triade una nota e la accordiamo con quella sottostante otterremo una forma a "C" che non sarà altro che lo sviluppo orizzontale di un accordo verticale a due note ovvero un accordo compatto.

Configurazione F

Con cinque note abbiamo visto che possiamo formare un accordo incrociato regolare. In questo caso partendo da una triade accostiamo alla nota centrale e ad un'altra, note della stessa volatilità. Otterremo una conformazione a F dell'accordo.

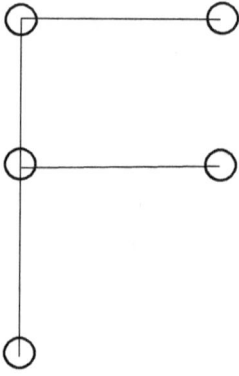

Anche qui capovolgendo l'accordo avremo comunque un'ottima dinamica con quattro note compatte e una solitaria. Questa struttura, per esempio, si adatta molto bene per formulare accordi di fondo dinamici ma ben strutturati.

Configurazione a E

La configurazione a E, a sei note, è un accordo compatto e ben strutturato, di solito non è molto dinamico ma ha la particolarità di svolgersi nel tempo in modo coerente.

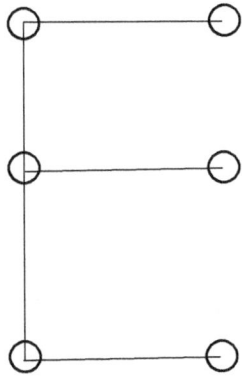

Come potete notare, altro non è che una triade verticale nella quale ogni nota viene supportata da un'altra, possiamo vederla come la composizione armonica di tre accordi binomiali con diversa volatilità. Con questa conformazione cominciamo ad ottenere un accordo molto complesso che si può poi sviluppare in una fragranza poiché diamo un'interazione tra i diversi range di volatilità della composizione.

Ovviamente queste strutture possono (e devono) essere ampliate per ottenere preparati ben strutturati su cui il profumiere può intervenire in fase di progettazione.

Da qui possiamo partire per definire i rapporti quantitativi delle note dell'accordo iniziando a comporre in modo pratico.

Profumeria applicata

Composizione degli accordi

Dopo aver preparato la tavolozza e identificato l'accordo su cui vogliamo lavorare, dobbiamo procedere a mettere insieme le materie prime nelle giuste proporzioni. Come vedremo bene per la formulazione delle fragranze ci sono diversi metodi di composizione, i più noti sono il metodo Maurer e il metodo Jean Carles. All'atto pratico non sono degli approcci completamente esaustivi o universali, perciò, ogni profumiere troverà nel tempo la sua tecnica compositiva. Nel caso degli accordi conoscere il metodo Jean Carles è utile perché si può iniziare a comprendere come sistematizzare il processo e trovare i rapporti. In questo manuale il mio obiettivo è quello di presentarvi un nuovo approccio formulativo e di stimolarvi a trovare il vostro.

Il metodo Jean Carles per gli accordi

Questo metodo si basa sui rapporti quantitativi tra le materie prime. Premetto che viene descritto da Jean Carles come punto di partenza per lo sviluppo di una base o fragranza a partire da un accordo di base. Per ora prenderemo questo metodo come approccio alla costruzione di un accordo binomiale e trinomiale. Per un accordo binomiale, a due note, si inizia scegliendo una materia prima di partenza a cui verrà accostata una seconda procedendo con la valutazione di cinque rapporti.

Fase a)

Sostanza A	9	8	7	6	5
Sostanza B	1	2	3	4	5

Per iniziare Jean Carles propone di lavorare su note con la stessa volatilità, nella descrizione del suo metodo, per costruire un accordo chypre, parte dall'assoluta di Muschio di quercia (Oak moss

ABS) e la combina con l'ambra grigia (una specialità detta Ambergris 162B), due note di fondo. L'accordo in questo caso è basato sul muschio di quercia, che è la nota fondamentale, perciò non prosegue coi rapporti perché altrimenti sarebbe un accordo basato sull'ambergris 162B.

I rapporti in questo caso possono essere in gocce o in peso (non viene espresso). Una volta unite le cinque combinazioni queste si valutano coi rispettivi tamponi contrassegnati, individuando quella che ricalca meglio l'idea o il concetto che vogliamo realizzare. Una volta scelto il rapporto giusto si può introdurre una terza nota identificando con sostanza A la nuova miscela e con C la terza nota utilizzando sempre gli stessi cinque rapporti e ottenendo un accordo a tre.

Fase b)

Accordo fase a rapporto A:B	9	8	7	6	5
Sostanza C		1	2	3	4	5

Si potrebbe proseguire in questo modo, come molti libri consigliano, ma più aggiungiamo note più la fondamentale verrà coperta. Per questo motivo da questo punto in poi si consiglia di lavorare con note di diversa volatilità in modo da gestire meglio l'intreccio formulativo.

Un accordo a tre secondo Jean Carles si può ottenere anche partendo da tre materie prime in rapporti definiti come da tabella che segue:

	I	II	III	IV
Sostanza A	4	6	3	3
Sostanza B	4	3	6	3
Sostanza C	4	3	3	6

L'accordo I sarà una triade con uguali proporzioni, il II sarà un accordo con la sostanza A come fondamentale, il III con la nota B come fondamentale e il IV sarà costruito sulla nota C.

Come già detto tale metodo è stato descritto in riferimento alla costruzione di una formula partendo da un accordo di base che si complica, questo lo vedremo meglio nelle tecniche di composizione delle formule complete o nel caso di formulazione delle basi.

Profumeria applicata

Approccio alla formulazione degli accordi

Per la costruzione e lo studio di accordi semplici è necessario comprendere le proporzioni e i rapporti tra le note e come queste risuonino insieme. Di seguito descriverò un metodo per sviluppare e studiare gli accordi semplici e complessi, per guidarvi ad ottenere delle sistematiche ottimali, valutarle e trovare le corrette armonie.

Accordo con due note

Iniziamo da subito a ragionare in ordine percentuale perché questa è la notazione convenzionale nei laboratori di sviluppo cosmetico e di profumeria dove ogni formula si compone "a 100". Scegliamo due materie prime una delle quali sarà la fondamentale e procediamo a costruire i cinque rapporti ponendo come totale 100. Quindi avremo:

Nota fondamentale X	90	80	70	60	50
Materia prima Y	10	20	30	40	50

Prendiamo cinque contenitori o dei vetrini da orologio e pesiamo gli accordi. Per le prime prove si può anche lavorare in gocce ma è meglio pesare per avere una ripetibilità dell'esperimento. Ancora meglio sarebbe contare e annotare sia le gocce che il peso. Per gli accordi iniziali si può lavorare per esempio su un grammo ciascuno, questo per evitare di "sprecare" troppo prodotto. Quindi 0,90g : 0,10g; 0,80g : 0,20g; 0,70g : 0,30g; … e così via.

Una volta effettuate le pesate con cinque tamponi di carta siglati valutiamo ognuno degli accordi. Scegliamo ora uno su tutti quello su cui lavorare, che ci piace di più o che si avvicina di più al concept, che definiremo X:Y.

A questo punto partiamo dall'accordo X:Y per lo studio di precisione realizzando altri due accordi:

a) X+5 : Y-5
b) X-5 : Y+5

Ora con questi due accordi scegliamo dove spostarci se su X+5 o su X-5 valutando sempre con la striscia di carta siglata. Per raffinare la ricerca possiamo comporre gli accordi intermedi che vanno da X:Y fino all'accordo "a" o fino a "b" spostandoci di +/- 1. Si potrebbe anche comporre tutta la serie d'accordi che va da X+5 a X-5 procedendo di un punto alla volta ma ci troveremmo a dover valutare i dieci accordi più il centrale in un'unica sessione confondendo inutilmente il naso.

Di seguito un esempio pratico, nell'eserciziario potete trovare altri compiti da svolgere per allenarsi con questa tecnica.

Esempio:
Scegliamo di costruire un accordo a due con la nota fondamentale di *ylang ylang EO* e con *methyl isoeugenol* e organizziamo quindi la tavolozza con queste due materie prime.
Procediamo con 5 pesate secondo i rapporti in tabella:

X) Ylang Ylang EO	90	80	70	60	50
Y) Methyl isoeugenol	10	20	30	40	50

Per non utilizzare troppo materiale possiamo pesare su un grammo o su dieci facendo le dovute proporzioni percentuali. Di nuovo sigliamo i tamponi e procediamo con le valutazioni.

Poniamo di aver scelto l'accordo 60:40 e procediamo realizzando i prossimi due accordi:

65:35 e 55:45 (X+5 : Y-5; X-5 : Y+5)

Sigliamo altri due tamponi e procediamo valutando questi ultimi due accordi e quello precedentemente scelto, il 60:40.

Individuiamo ora qual è l'accordo migliore tra questi tre, mettiamo il caso che la scelta ricada sul 55:45. Ora se vogliamo proseguire con un lavoro di precisione componiamo i quattro accordi intermedi che vanno da 60:40 a 55:45 valutando quale tra questi è il favorito.

X) Ylang Ylang EO	**65**	**60**	59	58	57	56	**55**
Y) Methyl isoeugenol	**35**	**40**	41	42	43	44	**45**

È necessario che ogni accordo formulato venga annotato sul quaderno di laboratorio, con un giudizio di valutazione per ognuno, anche due parole. In questo modo potrete rivalutare col tempo un accordo che avevate scartato per rilavorarci magari in un altro progetto.

A questo scopo basta una tabella con la data, l'indicazione delle materie prime e una riga per le note come questa

		Data _____ Accordo: cod. ( )	
	Rapp.	Valutazione	
a	90:10		
b	80:20		
c	70:30		
d	60:40		
e	50:50		

Accordo con tre note

L'accordo con tre note si baserà sempre sui rapporti tra le materie prime che cominceranno ad interagire ed a risuonare insieme. Come primo approccio alle **triadi** consiglio di valutarne il comportamento in rapporti uguali per dare un indirizzo al nostro processo compositivo. L'accordo ripartito in rapporti uguali ci darà nell'immediato una vaga idea di come possano equilibrarsi le note. Trasformando la tabella del metodo Jean Carles riporteremo anche questi rapporti in un ordine percentuale. Ovviamente 100 non è così facilmente ripartibile in tre parti uguali, perciò, per i test sistematici, propongo di usare un cosiddetto "riempitivo" ovvero una sostanza inerte che porti il totale a 100. Prendiamo perciò come totale delle fragranze 90 parti più 10 parti di riempitivo. Questo metodo ovviamente sarà utile solo allo studio dell'accordo trinomiale e pian piano il riempitivo verrà sostituito da altre materie prime nella composizione della fragranza. Un buon riempitivo è un solvente neutro come il DPG (dipropylen glycole) o l'etanolo che può essere aggiunto per portare il totale a 100. In questo modo anche se si diluirà di poco la preparazione ciò non influirà nelle caratteristiche finali dell'accordo e i calcoli saranno facilitati.

	I	II	III	IV
Materia prima A	30	50	20	20
Materia prima B	30	20	50	20
Materia prima C	30	20	20	50
Riempitivo	10	10	10	10

Iniziamo a costruire l'accordo I con le tre materie prime in parti uguali e lo valutiamo subito annotando anche in questo caso le caratteristiche che più ci interessano. Ora procediamo con la ricerca della dominante costruendo gli altri tre accordi.

Accordo II la dominante sarà la nota A
Accordo III la dominante sarà la nota B
Accordo IV la dominante sarà la nota C

Questa scelta guiderà tutto l'accordo e, come vedremo, guiderà soprattutto il carattere della composizione di basi o fragranze. Per esempio, costruendo un accordo tuberosa, possiamo dare un carattere verde oppure fruttato o esaltare, in un accordo fougère, il carattere "linalolico" della lavanda o boschivo del muschio di quercia.

A questo punto procediamo con la valutazione dei tamponi e scegliamo su quale lavorare per trovare gli equilibri. Vale sempre la regola di annotare nel quaderno di laboratorio le valutazioni per ogni accordo, anche quelli su cui per il momento non lavoreremo.

Poniamo il caso di scegliere l'accordo II con la nota A dominante quindi 50:20:20 (10 omesso).

Il passo successivo è sempre la definizione degli equilibri che in questo caso si baserà su quelli che definiremo ordini di ricerca.

Primo ordine di ricerca a dominante fissa

La dominante resta fissa a 50 parti e ragioniamo su un ordine di ricerca di +10;-10 sulle note accessorie secondo tabella che segue:

Accordo di partenza II (50:20:20)

	II.1	II.2
Materia prima A	50	50
Materia prima B	30	10
Materia prima C	10	30
Riempitivo	10	10

Anche qui una scelta dicotomica che ci facilita la scelta nel valutare il comportamento delle note accessorie, poniamo di aver scelto l'accordo II.2 quindi con la preponderanza della materia prima C sulla B.

Secondo ordine di ricerca a dominante variabile

Abbiamo capito che nel nostro caso la nota dopo la dominante, che definiremo mediana, sarà la C e quindi prepariamo altri 2 accordi nei quali terremo la mediana (nota C) sempre maggiore della minima (nel nostro caso la B) in un ordine di ricerca di +10:-10 variando anche la dominante.

Accordo di partenza II.2 (50:10:30)

	II.21	II.22
Materia prima A	40	60
Materia prima B	20	10
Materia prima C	30	20
Riempitivo	10	10

Ancora una volta abbiamo la possibilità di eliminare una delle due preparazioni e proseguire nello studio della triade.

Terzo ordine di ricerca a mediana fissa

Mettiamo di dover scegliere tra i due l'accordo II.21, a questo punto fissiamo la mediana e procediamo con lo studio dei rapporti con ordini sempre più piccoli in questo caso +5;-5 su dominante e minima.

Ordine di ricerca +5;-5 con mediana fissa

Accordo di partenza II.21 (40:20:30)

	II.211	II.212
A Dominante	35	45
B Minima	25	15
C Mediana	**30**	**30**
Riempitivo	10	10

A questo punto avremo ben chiaro come si comporta la triade avendo effettuato una buona scrematura e raggiunto un risultato molto buono, se lo riteniamo utile possiamo procedere con la ricerca del bilanciamento ottimale proseguendo con ordini sempre più piccoli variando con punti percentuali +1;-1 l'accordo scelto tra questi ultimi due.

Questi sono i rapporti fondamentali per la ricerca della triade. Il processo che vi ho mostrato mira proprio ad ottenere l'accordo che stiamo cercando attraverso scelte dicotomiche "naso-guidate" volta per volta dalle valutazioni del profumiere compositore.

Accordi con più di tre note

A questo punto siamo in grado di capire come ottenere delle sistematiche grazie alle quali indirizzare il nostro progetto. Servendosi dell'architettura L-E-F-T mostrata all'inizio del capitolo possiamo provare a definire i rapporti qualitativi e poi quantitativi nell'accordo. Scomponendo le configurazioni in triadi e binomi possiamo lavorare sulle tabelle dei rapporti proporzionali come se questi accordi fossero materie prime.

Per scomporre le configurazioni, una buona regola è quella di dare priorità al verso: prima gli accordi orizzontali poi quelli verticali. Riguardo al numero di note è più pratico iniziare a lavorare prima i rapporti binomiali poi le triadi ed inserire in seguito gli eventuali modificatori.

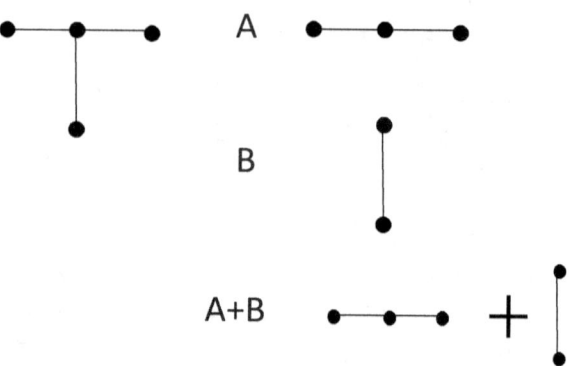

Figura 13- Esempio di scomposizione dell'accordo T.

Questa scomposizione ci permette di procedere in maniera ordinata con la costruzione dell'accordo. La priorità al verso ci permette di lavorare su accordi orizzontali che quindi hanno lo stesso comportamento nel tempo e poi sulle strutture verticali che conferiscono il carattere evolutivo dell'accordo.

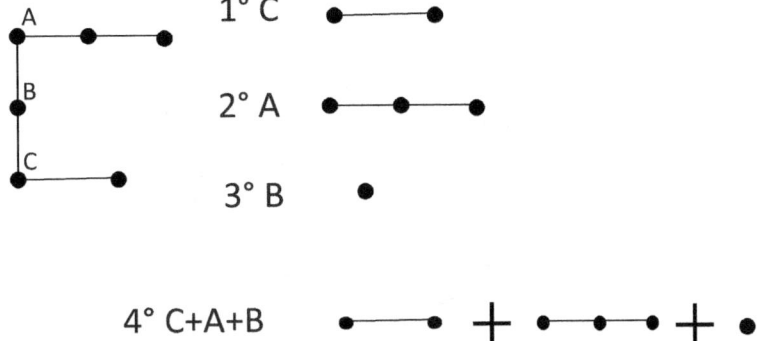

Figura 14 – Scomposizione di un accordo più complesso. Si costruiscono prima gli accordi orizzontali più piccoli, poi i più grandi, in seguito si accorda la triade verticale.

Profumeria applicata

Basi, specialità e ricostruite

Le basi o specialità e le ricostruite sono delle composizioni esclusive del profumiere che utilizza come materia prima intera in fase di composizione. Queste preparazioni sono dei "preconfezionati" che si possono inserire sia come struttura portante della composizione sia come modificatori o influencer. In particolare, la base o specialità, è una formulazione costituita da un accordo complesso, solitamente da quattro note in su, che sviluppa un'idea olfattiva particolare o rende più speciali alcuni aspetti olfattivi. La Diantina (Firmenich), ad esempio, fonde l'eugenolo dei fiori di garofano con gli iononi della violetta oppure la base Cashmere basata su un accordo orientale, avvolgente e muschiato o l'Ultrazur (Givaudan) una specialità con note marine ed ozonate. Le ricostruite sono invece formulazioni che imitano il più possibile l'estratto naturale, come ad esempio un olio essenziale o un'assoluta, al fine di renderne più accessibile il costo o di enfatizzarne alcuni aspetti. Per costruire questi preparati c'è bisogno di sviluppare una propria formula formata solo da molecole esistenti in natura, quindi naturali o natural-identiche. È questa la differenza con le basi per le quali ci serviamo anche di aroma chemicals non esistenti in natura per dare carattere o sfumature particolari.

Quindi possiamo identificare come basi o specialità anche i preparati, costruiti sia con materie prime naturali che sintetiche, che si basano su un'idea relativa ad un unico fiore o un'unica pianta. Possiamo così comporre una base gelsomino o tuberosa che non ricalca fedelmente l'estratto naturale ma ne definisce l'aspetto come interpretazione del profumiere. Spesso le basi floreali sono il punto di partenza per i profumi definiti soliflore o monotematici nei quali la base viene ampiamente sviluppata e decorata per ottenere una fragranza completa. Abbiamo visto inoltre che alcune fragranze presenti in natura non si possono estrarre facilmente

perciò ricrearle in una base o in una ricostruita ci permette di uti-
lizzarle nella formulazione dei profumi.

La tavolozza per le basi o specialità

Le basi possono essere composte dal profumiere oppure acqui-
state direttamente dalle aziende produttrici. Prima di vedere come
comporre una base dobbiamo costruirci la tavolozza.

Per le basi o specialità procediamo come per la tavolozza degli
accordi solo che qui la nota fondamentale può essere accoppiata
ad esempio ad altre due note simili e a due o tre modificatori
avendo così un accordo a cinque o a sei pronto per essere esteso.
Per una base floreale o fruttata si identificheranno per la tavolozza
almeno cinque note relative al fiore o al frutto indicato ed almeno
altri due modificatori che agiscano per esempio sul volume o su
un aspetto che vogliamo enfatizzare come per esempio una base
tuberosa più verde o più fruttata.

Per scegliere le materie prime di una base che richiami fragranze
o estratti presenti in natura ci basiamo sulla bibliografia scientifica
quindi sulle componenti che sono realmente presenti nei rispettivi
estratti naturali più alcuni aroma chemicals che richiamano il profilo olfattivo e che ben si armonizzano con la preparazione. Partendo da queste note ne aggiungiamo altre che chiameremo accessorie per costruire una formula della base completa, di solito alle
basi floreali si aggiungono estratti naturali in piccole percentuali
che agiscono come armonizzanti. Come abbiamo visto ci sono anche specialità che ricreano un'idea, un'impressione o un concetto
olfattivo preciso per le quali non esistono studi chimico-analitici
ai quali affidarci. Qui verrà fuori la creatività del profumiere e la
sua interpretazione impressionista della base da inserire magari
all'interno di una fragranza completa. In questo caso si sceglierà
una tavolozza di materie prime con le quali sperimentare prima

degli accordi semplici e poi più complessi definendoli in una formula precisa e bilanciata.

La tavolozza per le ricostruite

Per le ricostruite il lavoro si fa più complesso poiché ci dobbiamo affidare alla chimica analitica. Per prima cosa ricerchiamo nella letteratura scientifica gli studi fitochimici quali-quantitativi relativi all'estratto che vogliamo ricreare. Gli studi di fitochimica dei composti volatili possono aiutarci a definire quali molecole e in che percentuali queste sono presenti nell'estratto. Spesso per ricostruire una fragranza viene utilizzato lo spettro gas-cromatografico nel quale vengono evidenziate numerose molecole nelle diverse percentuali. Poiché per un piccolo laboratorio di profumeria è complesso ricostruire fedelmente un estratto, si scelgono per la tavolozza solo i componenti presenti in quantità maggiore, ma questo non basta. Se dobbiamo ricostruire un estratto la tavolozza da scegliere per ricreare lo stesso effetto olfattivo deve basarsi sia sulle molecole presenti in quantità maggiore sia sulle molecole in piccola percentuale, scegliendo quelle che hanno un impatto olfattivo elevato cioè quelle sostanze che anche in piccole quantità sono ben percepibili. Se, per esempio, volessimo ricostruire un olio essenziale di *Salvia sclarea*, non potremmo non prendere in considerazione tra tutti il beta-damascenone che, seppur presente in quantità molto basse, circa lo 0,10% nell'olio essenziale, avrà un ruolo molto importante nella definizione della ricostruita finale poiché ha un impatto olfattivo molto alto. Realizzare un'ottima ricostruita, fedele all'estratto originale, è molto complesso ma può essere un esercizio utile allo studio dei composti naturali.

Data:	Preparazione n°: _____								
Materia prima:	I	II	III	IV	V	VI	VII	VIII	IX

Metodo di costruzione delle basi

Abbiamo visto come preparare la tavolozza per iniziare a lavorare sulla composizione della base. Ora introduciamo lo schema di composizione ovvero una tabella che ci accompagnerà sempre durante la creazione delle fragranze. Questo foglio di lavoro si compone di una colonna che riporta i nomi delle materie prime a fianco a questa colonna una serie di colonne nelle quali verranno indicate di volta in volta le proporzioni in formula. È importante in fase di formulazione fare tante prove ed aggiustamenti compilando sempre una nuova colonna per avere traccia sistematica delle modifiche e del progresso del progetto formulativo.

Possiamo anche aggiungere altre colonne con il codice interno della materia prima o altri dati che riteniamo utili in fase di composizione (diluizione, CAS, volatilità, costo, ecc.) Nella pagina precedente potete trovare un esempio di tabella di lavoro. Questa è utile sia per la formulazione delle basi sia per le fragranze complete. Iniziate da ora a fare pratica con questa tabella personalizzandola secondo le vostre esigenze.

Prima prova di formulazione

Iniziamo inserendo le note che abbiamo scelto per la tavolozza all'interno della colonna "materie prime" e procediamo in colonna numero "I" a immettere i rapporti partendo dallo studio dell'accordo o dai riferimenti bibliografici relativi alla quantità della molecola in questione negli estratti naturali. Questa sarà la formula di partenza su cui lavoreremo.

Una volta inseriti i rapporti procediamo con le pesate verificando sempre che il flacone con la materia prima da pesare sia corretto. Sembra una cosa banale, sappiate che non lo è.

Durante i primi approcci alla formulazione delle basi non dovete per forza inserire le quantità in percentuale da subito perché varierete di continuo i rapporti. Una volta pesato però riporteremo il totale a cento per comprendere come stanno insieme le quantità numericamente in formula.

Voglio sottolineare che è bene utilizzare sempre il totale a 100. Molti testi di profumeria consigliano di formulare a 1000 (mille) perché alcune sostanze andranno inserite in bassissime percentuali ed è più facile leggere la formula in questo modo. Dal punto di vista pratico però sia gli essenzieri che i laboratori di produzione profumiera e cosmetica lavorano a cento come anche la maggior parte dei software cosmetici. Quindi, nel caso dobbiate inviare un vostro lavoro o comunicare con i responsabili ricerca e sviluppo, è bene "parlare la stessa lingua". Inoltre, avere un unico criterio di notazione, ci evita grossolani errori di calcolo.

Una volta pesata la formula procedete con la valutazione olfattiva della base che avete composto.

Rappresenta l'idea che avete in mente?
Quali note sono in eccesso?
Quali note vengono completamente coperte?

Iniziate ora, mentre annusate la striscia di carta imbevuta, a farvi queste domande e procedete a riequilibrare teoricamente la formula nella seconda colonna.

Lo studio di una base può essere complesso quanto la formulazione di una fragranza (talvolta di più) ma è la scuola migliore per conoscere il comportamento delle materie prime in miscela.

Alcuni di voi avranno all'inizio difficoltà a capire quali ingredienti e in quale percentuale inserirli, perciò inizialmente fidatevi della vostra tavolozza, se avete scelto bene le materie prime e studiato i possibili accordi vi sarà facile comprendere i rapporti tra loro.

Procedere con le prove di formulazione successive

A questo punto procedete migliorando i rapporti tra le materie prime nella colonna "II" secondo la vostra intenzione ed effettuate la seconda pesata in un altro vials. Anche in questo caso calcolate i valori percentuali e verificate con il tampone di carta se il risultato vi soddisfa.

Continuate così.

Tenete sempre a disposizione durante la valutazione tutti i tamponi di carta con le prove che state effettuando e valutateli tra loro verificando di volta in volta le differenze e gli sviluppi della composizione.

Dopo le prime prove potrete cominciare ad inserire alcune note accessorie che vi potranno venire in mente mentre formulate. Sappiate però che non sempre questo ampliamento della tavolozza dà buon esito ma ci può riportare magari alla formula precedente. Fa parte del gioco; l'importante è che procediate sempre con metodo annotando tutto nel quaderno di laboratorio comprese le modifiche o gli eventuali errori di pesata.

Una volta trovata la combinazione migliore calcolate in percentuale la formula. Datele un nome ed un codice e annotatevi la formula nel formulario. A questo punto dovrete pesare le materie prime pure nelle dovute proporzioni e conservare la base per diverse settimane in un luogo asciutto e riparato dalla luce in un flacone scuro etichettato e codificato. Questa può entrare ora a far parte della vostra gamma come materia prima effettiva.

Spunti di costruzione delle basi

Sono diverse le tecniche di costruzione delle basi e delle specialità e la sperimentazione in tal senso è in continua espansione. Per personalizzare una materia prima si può intervenire sia in fase estrattiva che in quella compositiva. Per esempio, si può enfatizzare uno specifico aspetto della materia prima variando i parametri estrattivi, le temperature o i solventi delle materie prime ottenendo preparazioni esclusive che possiamo definire come degli ibridi tra estratti e basi. Alcune basi possono essere composte da accordi semplici, a due-tre note, che all'interno della fragranza daranno un aspetto particolare, come avviene per l'accordo *phenoxyethyl isobuty-rate – DMBCA – Raspberry Ketone* usato come base decorativa per dare un tono fruttato. Una tecnica, utilizzata spesso dal famoso profumiere Jean Carles, è quella di prendere una singola materia prima (*patchouli, vetiveril acetate, metil ionone*) che potrebbe comporre anche il 20% della formula di un profumo finito, e decorarla con numerosi altri materiali per creare una base molto complessa. Un'altra tecnica che si rivela molto utile è quella di costruire una base con dentro una materia prima molto difficile, magari troppo intensa o invadente, accordandola in modo che possa poi essere integrata nella formulazione di un profumo.

Nel quaderno degli esercizi troverete ulteriori spunti per fare pratica con la composizione delle basi.

Le fragranze

Struttura di una fragranza

Nel nostro caso la fragranza è una composizione di materie prime aromatiche sintetiche e naturali miscelate tra loro in rapporti ben stabiliti nella forma più concentrata possibile. Con il termine fragranza in questo testo ci riferiamo al prodotto sviluppato e bilanciato nella sua formula completa che diventerà una volta diluito il profumo vero e proprio oppure veicolato in altri prodotti a scopo funzionale (cosmetici, detergenti, home care, ecc.).

Descrivere la struttura generale di una fragranza è molto complesso. Nel corso degli ultimi secoli i profumieri moderni hanno composto le fragranze in modo differente a seconda del loro stile ed in base alla reperibilità delle diverse materie prime nel loro periodo di attività. Più avanti vedremo quali possono essere gli approcci di lettura ed analisi estetica delle fragranze ma in questo capitolo cercheremo di identificare quelle che sono le strutture e le tecniche compositive. Di base per descrivere la struttura di una fragranza possiamo partire da due aspetti fondamentali ovvero: gli accordi protagonisti della fragranza e la relazione tra note di testa, cuore e fondo. Oggi, data la numerosa produzione artistica, possiamo a posteriori individuare alcuni stili compositivi e classificare le fragranze in quelle definite come famiglie e sottofamiglie olfattive secondo la classificazione *Comité Français du Parfum, Société Française des Parfumeurs, Parigi 2001.*

Tabella 6

Famiglia	Sottofamiglia
A - Hesperides *Esperidati o agrumati*	A1 – Agrumata A2 - Agrumata Speziata A3 - Agrumata Aromatica A4 - Agrumata Floreale Chypre A5 - Agrumata Legnosa A6 - Agrumata Floreale Legnosa A7 - Agrumata Muschiata.
B - Fioraux *Fioriti o floreali*	B1 – Soliflora B2 - Floreale Muschiata B3 - Bouquet Floreale B4 - Floreale Aldeidica B5 - Floreale Verde B6 - Floreale Fruttata Legnosa B7 - Floreale Legnosa B8 - Floreale Marina B9 - Floreale Fruttata.
C - Fougère	C1 – Fougère C2 - Fougère Ambrata Floreale C3 - Fougère Ambrata Morbida C4 - Fougère Speziata C5 - Fougère Aromatica C6 - Fougère Fruttata.

D - Chypre *Cipriato*	D1 - Chypre D2 - Chypre Fruttata D3 - Chypre Floreale Aldeidica D4 - Chypre Cuoiata D5 - Chypre Aromatica D6 - Chypre Verde D7 - Chypre Floreale
E - Boises *Legnosi*	E1 – Legnosa E2 - Legnosa Conifero-Agrumata E3 - Legnosa Speziata E4 - Legnosa Ambrata E5 - Legnosa Aromatica E6 - Legnosa Speziata Cuoiata E7 - Legnosa Marina E8 - Legnosa Fruttata E9 - Legnosa Muschiata
F - Ambrés *Ambrati* o *orientali*	F1 - Ambrata Morbida F2 - Ambrata Floreale Speziata F3 - Ambrata Agrumata F4 - Ambrata Floreale Legnosa F5 - Florientale F6 - Ambrata Floreale Fruttata
G - Cuirs *Muschiati* o *cuoiati*	G1 - Cuoiata G2 - Cuoiata Floreale G3 - Cuoiata Tabaccata

Questa classificazione ci permette di individuare e collocare olfattivamente una fragranza in modo generale e ci prepara a capire
meglio quelli che sono i macro-accordi presenti nella composizione. Per capire invece i rapporti tra le note, negli ultimi cin-
quant'anni si ricorre a immaginare la fragranza attraverso quella
che viene definita **piramide olfattiva**. Tale metodo, molto intuitivo, scompone genericamente la fragranza in tre parti fondamentali in base al range di volatilità delle materie prime presenti in formula e a come esse evolvono dopo che il profumo viene applicato.
Queste parti sono definite: **testa**, **cuore** e **fondo** della fragranza.
La scomposizione e i rapporti tra queste tre parti sono molto utili
sia nella progettazione iniziale del concept sia per la comunicazione pubblicitaria della fragranza poiché al grande pubblico arriva
immediatamente l'immagine degli accordi fondamentali tra le note
presenti nel profumo. Questo modo di vedere il profumo non è
però esaustivo, anzi, è fin troppo generico per il profumiere che
intende comporre una nuova fragranza. La struttura di un profumo somiglia molto di più ad un componimento letterario. Immaginate di racchiudere in uno schema assoluto o in una struttura
comune tutti i generi e i componimenti letterari: credo che risulti
molto difficile. Ogni profumiere inoltre compone con il proprio
stile e con i materiali che ha a disposizione nel suo tempo storico
e in base al contesto sociale e culturale del periodo. Ma questo lo
vedremo più avanti.

Dal punto di vista pratico però scomporre il profumo in tre parti
fondamentali ci aiuta a definire e progettare la fragranza secondo
uno schema diffuso ed accettato. La piramide olfattiva ha infatti
due scopi effettivi: definire i rapporti quantitativi che intercorrono
tra queste tre parti e descrivere come il profumo si evolve nel
tempo una volta applicato.

Le note di testa
Sono le note che hanno una volatilità maggiore che vengono percepite immediatamente ed evaporano dopo poco tempo. Vengono spesso definite come introduzione alla composizione e determinano anche il primo impatto estetico e la prima opinione sulla fragranza.

Le note di cuore
È il corpo della composizione dove si svolge il motivo centrale o tema del profumo. Questa parte persiste per diverse ore supportata dalle note di fondo ovvero le fondamenta della struttura.

Le note di fondo
Come abbiamo detto sono le fondamenta portanti della composizione e permangono per almeno 12 ore evaporando molto lentamente data la loro bassa volatilità.

La piramide definisce anche i rapporti quantitativi tra i gruppi di note e viene rappresentata come un triangolo suddiviso in tre parti secondo lo schema raffigurato nell'immagine di seguito:

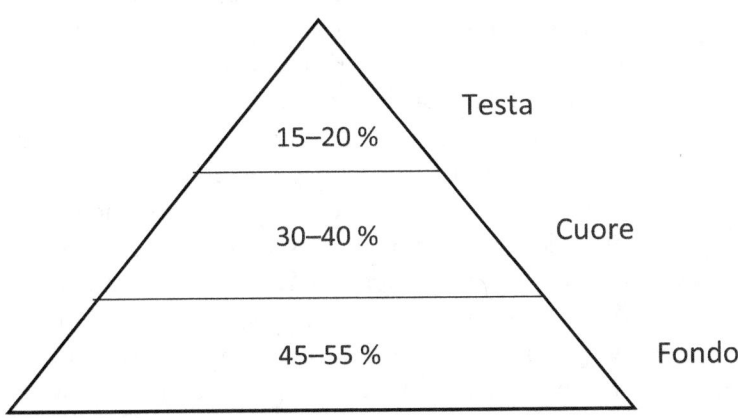

Questo modo di concepire la fragranza in composizione sta lasciando spazio a quello più moderno dove le materie prime sono rappresentate all'interno di un grafico a torta. Seppur efficace per rappresentare visivamente le quantità in formula anche questo metodo non è esaustivo e riduce la struttura di una fragranza ad un semplice rapporto percentuale tra le parti. L'eccelsa Sophia Grojsman descrive la struttura di una fragranza come i quadratini compatti in un cubo di Rubik, questa visione riesce a rappresentare bene la parte complessa e quella semplice di una composizione. Questo approccio si avvicina alle nuove scoperte sulla percezione olfattiva ed alla neurobiologia.

In miscela le note non si comporteranno esattamente come si comportano se prese separatamente, perciò la difficoltà è anche quella di classificare una nota in modo univoco in uno di questi tre compartimenti della piramide. Gli estratti naturali sono già di per sé composti da numerosissime molecole con diversi range di volatilità, quindi la loro disposizione in piramide è puramente indicativa e si basa sulle caratteristiche più importanti di tali estratti. Per esempio, gli agrumi solitamente hanno numerosi composti alto volatili ma alcune loro caratteristiche permangono anche nelle note centrali di una fragranza, tuttavia, vengono in genere classificati come note di testa.

In un trattato di composizione come questo lo scopo è di trovare dei punti saldi di partenza per lo studente di profumeria ma queste regole sono anche spunti di sperimentazione per trovare ognuno il proprio metodo e la propria tecnica.

Anche l'architettura L.E.F.T., che ho sviluppato personalmente per la creazione e classificazione degli accordi, si adatta a rappresentare la struttura delle fragranze complete. Sostituendo alle note presenti nel nodo d'intreccio gli stessi accordi o i gruppi di note di simile volatilità possiamo progettare il modo con il quale vogliamo il che profumo si sviluppi dopo l'applicazione. I profumi infatti possono svolgersi anche in modo prorompente con tutte le note percepite insieme ed invariate nel tempo (architettura orizzontale) o addirittura attraverso simmetrie o palindromi come i lavori visionari di numerosi profumieri contemporanei.

La piramide olfattiva resta di fatto la struttura più indicata per iniziare lo studio di composizione.

Altre note che spesso determinano la riuscita o meno delle fragranze sono i cosiddetti "fissatori", i modificatori e le note accessorie. Queste note hanno anch'esse degli specifici profili olfattivi che devono essere accordati ed equilibrati nelle composizioni.

I "fissatori" o "fissativi" sono sostanze naturali o sintetiche che hanno la capacità di rallentare l'evaporazione di altre note aumentando la persistenza del profumo. In questo testo troverete il termine virgolettato poiché non esistono dei "fissatori" veri e propri, in realtà sono materie prime con un profilo olfattivo ben definito e una bassa volatilità che a seconda del loro utilizzo, in alcune composizioni, rafforzano la percezione e la persistenza di altre note.

I modificatori sono note utilizzate nel tema centrale del profumo per accompagnare i passaggi tra i vari accordi e dare delle sfumature decorative particolari, una materia prima diventa modificatore se utilizzata in basse concentrazioni esclusivamente a questo scopo all'interno della composizione.

Le note accessorie sono sempre dei modificatori che, se correttamente accordate, lavorano sul **volume**, sull'**impatto** o sulla **diffusione** della fragranza agendo quindi sulle performance del prodotto finale.

Profumeria applicata

Tipologie di fragranze

La classificazione ufficiale delle fragranze permette di ordinare le varie composizioni in gruppi e sottogruppi ben definiti. Dal punto di vista compositivo possiamo approfondire queste famiglie andando a verificare quali sono gli accordi, le note componenti e le materie prime più indicati da inserire in formula, secondo le indicazioni, di seguito riportate, della *"Société Française des Parfumeurs"*.

A - Esperidati o agrumati

A1. Agrumata

Sono le fragranze il cui carattere principale è reso dalle note di oli essenziali ottenuti per spremitura dell'epicarpo dei frutti del genere *Citrus* come il bergamotto, l'arancio, il limone, mandarino etc., combinati con prodotti o note, naturali o sintetici che presentano sentori di petit grain, neroli ed agrumi in genere. In questa famiglia troviamo sia le Eau de Cologne ma anche composizioni più concentrate.

A2. Agrumata Speziata

Ad accordi agrumati sono aggiunte note speziate come chiodi di garofano, pepe, noce moscata o cannella.

A3. Agrumata Aromatica

La struttura agrumata viene modificata dall'aggiunta di note aromatiche, come timo, maggiorana, rosmarino o anche menta.

A4. Agrumata Floreale Chypre

Rappresentano una nuova generazione di "Eau de Cologne". La nota agrumata è sempre dominante ma riceve l'apporto di altre note fresche e questo accordo è esteso prima con una nota floreale, dove è presente in prevalenza il gelsomino, a cui segue uno sfondo legnoso e muschiato.

A5. Agrumata Legnosa

Un accordo agrumato ma in questo caso più leggero. La nota floreale è tenue e il fondo legnoso, talvolta talcato, è tendenzialmente prevalente.

A6. Agrumata Floreale Legnosa

L'accordo agrumato è correlato da equilibrate note floreali. Il tutto è associato a note legnose diverse e variegate.

A7. Agrumata Muschiata

Alla struttura agrumata si aggiunge un forte carattere muschiato, percepibile fin dall'inizio, con un accordo di note floreali e legnose. La nota di muschio si riferisce ai muschi sintetici.

B - Floreali

Questa importante famiglia comprende tutti i profumi il cui tema principale è un fiore o un bouquet floreale: gelsomino, rosa, mughetto, violetta, tuberosa, narciso, ecc.

B1. Soliflore

Il tema si basa sulla ricerca di un'unica nota floreale; è l'inizio della profumeria moderna. Si tende a copiare e reinterpretare la natura, provando a ricostituire e stilizzare: una rosa, un gelsomino, una violetta, un lilla, un mughetto ...

B2. Floreale muschiata

Su un accordo floreale, con la nota muschiata che si presenta fin dai primi istanti. Sono comunque presenti note fruttate, legnose o aldeidiche come modificatori.

B3. Bouquet floreale

Basata sull'ispirazione della natura, ma associando, come per un bouquet di fiori, diverse note floreali. La composizione si fa più complessa, le materie prime sono più numerose e sfaccettate.

B4. Floreale aldeidica

È sempre un bouquet floreale, spesso prolungato da note animali, cipriate e leggermente legnose. L'inizio è composto da aldeidi, in associazione con note agrumate e note di testa floreali.

B5. Floreale verde

Ad un bouquet floreale si sono aggiunte note fresche e soprattutto verdi, cioè di una freschezza più incisiva. Il galbano è proprio il tipo di prodotto utilizzato in questa classe così come le specialità con note di erba tagliata.

B6. Floreale legnosa fruttata

Su un bouquet floreale, retto dalla nota legnosa, si aggiungono note fruttate, pesca, mela, susina, albicocca ...

B7. Floreale legnosa

La nota floreale, dominante in questa categoria, può essere violetta, gelsomino, rosa, mughetto o altri fiori. Ci sono note di testa diversificate: agrumate, ed in particolare erbacee. La composizione prosegue con note prevalentemente legnose, cipriate e vanigliate.

B8. Floreale marina

Un classico bouquet floreale è accompagnato durante la sua evaporazione da un insieme di note marine, piuttosto oceaniche ed ozonate.

B9. Fiorita fruttata

Dal 1995 "sbocciano" nuove note fruttate per la profumeria. Il corpo floreale è presente e riconoscibile e le note fruttate sono evidenti. Queste sono prevalentemente albicocca, lampone, melone, litchi, pera, mela e altre.

C – Fougère

C1. Fougère

Questa è una denominazione di fantasia, che non pretende di riferirsi al profumo delle felci (*fougère* in francese si traduce felce). Queste composizioni si basano su un accordo generalmente costruito con note di lavanda, muschio di quercia e cumarina, associate con note legnose, bergamotto, geranio e altre.

C2. Fougère ambrata floreale

Si tratta di un accordo fougère che si accorda con una nota floreale, supportato da un fondo ambrato di labdano.

C3. Fougère ambrata morbida

Questi Fougère, di costruzione classica, hanno una base ambrata la cui dolcezza è accentuata da note vanigliate.

C4. Fougère speziata

Si tratta di composizioni fougère basiche, decisamente classiche, caratterizzate dalla presenza di note floreali e aggiunte, particolarmente marcate, di note speziate come chiodi di garofano e pepe.

C5. Fougère aromatica

Un accordo fougère strettamente associato a un insieme di agrumi, note erbacee, soprattutto aromatiche, come timo, artemisia, coriandolo, rosmarino. Talvolta presentano qualche leggera nota speziata decorativa.

C6. Fougère fruttata

La base è un classico fougère. Si osserva un parallelismo con le note fruttate citate per la sottofamiglia B9. fiorita fruttata.

D - Chypre

Chypre

Questo nome deriva dal profumo che François Coty chiamò così quando fu rilasciato nel 1917. Il successo di "Chypre" lo ha reso il capofila di questa grande famiglia che riunisce profumi basati principalmente su accordi di: muschio di quercia, cisto-labdano, patchouli, bergamotto, ecc.

D1. Chypre fruttato

L'accordo di base cipriato è più rimpolpato e imprezio-sito da note fruttate come pesca, prugna mirabelle, frutti esotici.

D2. Chypre floreale aldeidica

L'armatura principale è quella floreale aldeidica (B4) adat-tata a un corpo chypre floreale piuttosto che semplice-mente floreale.

D3. Chypre cuoiato

Ad una delle strutture citate, aggiungiamo note di cuoio, di fumo, di legno bruciato o note animali. Queste compo-sizioni sono talvolta sormontate da una nota fresca, so-prattutto agrumata.

D4. Chypre aromatico

Un accordo tendenzialmente Chypre, molto spesso flo-reale ma prevalentemente aromatica: timo, artemisia, gine-pro, coriandolo.

D5. Chypre verde

Qui vediamo un contrasto tra un inizio fresco e verde (erba tagliata, foglie strofinate) e uno sfondo caldo.

D6. Chypre floreale

Alla struttura cipriata si aggiungono note floreali come mughetto, rosa, gelsomino.

E - Legnosa

E1. Legnosa

Si tratta di note calde o opulente come il sandalo e il patchouli, a volte secche come il cedro e il vetiver. L'inizio è più spesso costituito da note di lavanda e agrumi.

E2. Legnose coniferose agrumate

Basata sulle note legnose dove l'essenza del pino e le conifere hanno un ruolo importante, le note agrumate caratterizzano la testa della composizione.

E3. Legnoso speziato

Le note legnose sono date da un morbido legno di sandalo, riscaldato da note speziate molto presenti: pepe, noce moscata, chiodi di garofano, cannella.

E4. Legnoso ambrato

La base è composta da note calde e ricche, come vaniglia, cumarina, cisto-labdano, patchouli e legno di sandalo.

E5. Legnoso aromatico

Gli accordi di legno sono il cuore di queste composizioni, con note di lavanda o talvolta verdi, ma sempre con un'apertura aromatica come timo, artemisia, mirto, rosmarino, salvia.

E6. Legnosa speziata cuoiata

L'accordo speziato e legnoso è rinforzato da note di cuoio e animali, come betulla e castoreo.

E7. Legnosa marina

Questa costruzione si abbina bene con un accordo legnoso aromatico e le note oceaniche completano o modificano il timo e l'artemisia.

E8. Legnosa fruttata

Un albero e dei frutti. Legno e frutta, cosa c'è di più naturale. Qui troviamo le note di frutta scoperte o riscoperte di recente.

E9. Legnosa muschiata

L'accordo legnoso è ben intrecciato a un accordo muschiato. Anche qui troviamo note speziate, fruttate, aromatiche o ambrate.

F – Ambrata - orientale

Sotto la denominazione "ambrata" talvolta detta anche "orientale", venivano raggruppati profumi con note dolci, talcate, vanigliate, di cisto-labdano, animali, molto marcate. Esiste una tipica nota ambrata? -Certamente! Si veda *F1 ambrata morbida*. Sono stati identificati sei gruppi di ambra.

F1. Ambrata morbida

Sono le fragranze più rappresentative della classica nota ambrata, si distinguono per morbidezza e calore. La loro scia è particolarmente pronunciata.

F2. Ambrata floreale speziata

Sull'accordo ambrato, viene evidenziata una nota decisamente speziata con un contributo di note floreali significativo, per esempio con il garofano.

F3. Ambrata agrumata

Queste composizioni ambrate possono avere un carattere floreale ma con un inizio agrumato ben marcato.

F4. Ambrata floreale legnosa

In questo gruppo di ambrate, il carattere legnoso è ben marcato e la nota di testa è sfumata da variazioni floreali.

F5. Florientali

Un dosaggio più sfumato della nota ambrata in un potente accordo olfattivo. Note dominanti: floreali, fresche e speziate che si inseriscono in un bouquet molto corposo.

F6. Ambrata floreale fruttata

Una rappresentazione effettiva dell'ambra. L'aspetto floreale può essere molto variegato. La nota fruttata è costituita dai frutti già citati: mela, pera, albicocca, lampone, fragola, susina, ecc.

G - Cuoiata

G1. Cuoiata

È una formulazione particolarissima, un'idea di profumeria un po' diversa da quanto concepito generalmente, con note secche, a volte si presenta molto secca cercando di riprodurre l'odore caratteristico del cuoio con note di fumo, di legno bruciato, di betulla, di tabacco e note di testa con inflessioni floreali.

G2. Cuoiata floreale

Si tratta di note di cuoio "lineari", prive di aggressività, impreziosite da note floreali, viola, iris o altre.

G3. Cuoiata tabaccata

La nota di cuoio è temperata da accordi legnosi, miele e fieno, che caratterizzano la nota di tabacco biondo.

In questa descrizione del 2001 redatta dalla *"Société Française des Parfumeurs"* è stata fatta chiarezza sulla classificazione generale delle fragranze. In attesa di un aggiornamento di tale classificazione, si possono aggiungere dei descrittori denominati anche *faccette* che possono, come in parte abbiamo visto, definire più specificatamente una composizione. Oltre ai termini già citati possiamo individuare altre faccette come: polverosa, metallica, ozonata e gourmande.

In fase di progettazione e composizione, come già detto, possiamo trovare spunti creativi per individuare degli incroci tra famiglie, spostando gli accenti verso una famiglia piuttosto che un'altra.

Lo studio di composizione

Iniziamo lo studio di composizione basandoci sul concept di prodotto e sul creative brief già realizzati, questi dovranno essere letti in modo corretto e compresi per essere interpretati nel miglior modo possibile. Per decidere cosa vogliamo costruire è necessario fare uno schema generale delle note che intendiamo inserire nella composizione. In questa fase creativa stiliamo un elenco degli effetti e delle caratteristiche che vogliamo mettere in formula e sistemiamo in ordine evolutivo le note che vogliamo inserire. Se nel brief è presente una piramide olfattiva possiamo basarci su quella o definirne a questo punto una specifica per il progetto in atto. Può essere d'aiuto per alcuni la composizione di una moodboard ovvero di una tavola di stile nella quale si inserisce tutto ciò che può dare ispirazione alla parte creativa (foto, disegni, materiali, ecc.).

Le note della fragranza potranno essere ottenute in diversi modi o attraverso l'utilizzo di materie prime diverse oppure con accordi e basi già elaborati. Possiamo individuare alcuni ingredienti già da subito che verranno poi dettagliati ed elencati nella scelta della tavolozza.

La tavolozza per la fragranza

Abbiamo visto che la progettazione e lo sviluppo di una fragranza prevedono la realizzazione di un brief che descriverà il progetto in maniera operativa e da uno schema di studio soggettivo che lo interpreta. Da qui possiamo partire per costruire la tavolozza.

È proprio nel brief che dobbiamo trovare i mattoni per costruire la fragranza poiché il processo creativo deve avere necessariamente una solidità progettuale, almeno per essere avviato, altrimenti il rischio è di uscire fuori tema e perdersi durante la composizione. Tuttavia, la tavolozza iniziale potrà anche variare durante la fase di composizione, inserendo o eliminando alcune materie prime. Infatti, anche l'estro creativo deve fare la sua parte e spesso capiterà di trovarsi, durante la formulazione, a modificare o inserire note o sfumature non considerate all'inizio: ciò è del tutto regolare. Questo succede perché in profumeria sulla teoria vince la pratica. Tutto sta nel creare un buon equilibrio tra approccio sistematico e impulso creativo.

La tavolozza per la fragranza di solito si basa sugli accordi e sulle basi studiati in precedenza che vengono ulteriormente sviluppati o regolati con altre materie prime. È buona norma, perciò, tenere vicino dei tamponi degli accordi di partenza già composti e fare valutazioni incrociate durante l'iter formulativo. La tavolozza per la fragranza sarà formata dagli ingredienti di tutti gli accordi considerati più note di tre categorie diverse ovvero:

le note di fondo e le molecole a lunga tenuta comunemente detti "fissatori";

le note principali che compongono il corpo centrale supportate da modificatori e note accessorie per dare volume o facilitare i passaggi tra le note;

le materie prime ad alta volatilità, le cosiddette note di testa.

A questo punto iniziamo ad elencare in colonna sul foglio di composizione tutte le materie prime scelte. Possiamo individuare tra queste quelle che compongono gli accordi importanti che vogliamo inserire in formula ovvero lo scheletro della formula. Il foglio di composizione sarà simile a quello adottato per la formulazione delle basi.

Progetto cod._____ Profumiere:_____									
Data:	Preparazione n°: _____								
Materia prima:	I	II	III	IV	V	VI	VII	VIII	IX

Metodi di composizione delle fragranze

Per la composizione di una fragranza ci sono diverse tecniche e ogni profumiere in realtà troverà la sua con la pratica e l'esercizio quotidiano. In letteratura ad oggi troviamo due approcci principali, quello indicato dal profumiere Jean Carles e il metodo Maurer. Per quanto riguarda il metodo Jean Carles abbiamo già discusso i punti salienti nello sviluppo degli accordi, infatti, il suo metodo si basa sulla costruzione sistematica di accordi i quali vengono di volta in volta sviluppati attraverso l'introduzione di altre note che modificano e completano la fragranza fino a raggiungere una formula finale. Di seguito vediamo queste due tecniche per approcciarsi alla composizione delle fragranze.

Il metodo Jean Carles per le fragranze

Abbiamo visto come il metodo Jean Carles sia utile nell'approccio alla costruzione degli accordi ottenendo delle sistematiche precise e ripetibili. Per lo sviluppo e composizione delle formule più complesse Jean Carles parte proprio dalla formulazione dell'accordo di base procedendo con l'integrazione di volta in volta di un nuovo elemento.

Dal punto di vista pratico per costruire una formula secondo questo metodo si può partire dal tema centrale sostenendolo con le note di fondo per poi inserire le note accessorie e la testa del profumo. In questo caso seguendo le proporzioni già viste per la formulazione degli accordi si inizia con due ingredienti e si sceglie tra le cinque proporzioni quella migliore. Formato questo primo accordo (A) proseguiamo allo stesso modo costruendo nuove proporzioni tra l'accordo A ed una nuova materia prima, così via. È importante che le proporzioni siano sempre basate sulla miscela che si sta studiando e che i nuovi ingredienti siano inseriti in quantità minori. Uno schema seguente può rendere meglio l'idea.

Fase a)

Ingrediente 1	9	8	7	**6**	5
Ingrediente 2	1	2	3	**4**	5

Fase b)

Accordo da fase a)	9	**8**	7	6	5
Ingrediente 3	1	**2**	3	4	5

Fase c)

Accordo da fase b)	**9**	8	7	6	5
Ingrediente 4	**1**	2	3	4	5

Fase d)

Accordo da fase c)	9	**8**	7	6	5
Ingrediente 5	1	**2**	3	4	5

Fase e) ...e così via.

Il metodo adottato per utilizzare meno materiale di prova possibile potrebbe essere quello di contare le proporzioni in gocce pesando volta per volta le aggiunte. In questo caso i calcoli si fanno un po' complicati perché dal secondo accordo che formiamo dobbiamo ricavare il peso di ogni singolo ingrediente contenuto in quella porzione che andremo ad inserire nell'accordo successivo. Un'alternativa per evitare gli errori può essere, come già consigliato, quella di lavorare con le proporzioni direttamente in peso anziché in gocce. Nel caso troverete nell'eserciziario un esempio di sviluppo e calcolo peso formula con il metodo Jean Carles.

Il metodo Maurer

La tecnica compositiva indicata dal Maurer si basa sull'interazione delle diverse tipologie di materie prime partendo dalla miscela di due o più basi floreali che verranno complessate con altre categorie di ingredienti. Questo metodo è discusso da Edward S. Maurer nel suo libro *Perfumes and Their Production (1958)* e descrive i passaggi tra le diverse miscele come accordi musicali dove la composizione in minore si sviluppa infine in maggiore dando quindi un tono melodico malinconico alla prima fase di composizione tra basi floreali e oli essenziali e poi aggiungendo ingredienti brillanti ed inusuali come aroma chemicals e aldeidi. Possiamo definirlo anche metodo a blocchi perché come vedremo si strutturano in modo specifico delle miscele per ogni passaggio che poi verranno assemblate ed inserite man mano nella formula finale.

In breve, possiamo schematizzare il metodo Maurer nelle fasi che seguono.

Fase 1: unire due o più basi floreali o ricostruite finché non si percepisca la perdita di individualità delle note iniziali formando un nuovo accordo bilanciato.

Fase 2: incorporare nell'accordo floreale appena composto le seguenti categorie di materie prime nell'ordine indicato.

a) Uno o più oli essenziali di elevata intensità, ad esempio, patchouli, sandalo o vetiver come modificatori e fissativi
b) Uno o più aroma chemicals non presenti in natura
c) Una o più aldeidi alifatiche
d) Una o più basi non floreali (cuoio, diantina, ambra, ecc.)

Il punto di forza di questo metodo è quello di poter costruire la fragranza valutando volta per volta gli aspetti estetici e dinamici complessi. Nella costruzione a blocchi di contro si trovano delle criticità se lo si utilizza come metodo unico o iniziale. Dal punto di vista didattico e formativo lo studente di profumeria troverà molto più semplice questo metodo una volta che si è allenato a costruire accordi e fragranze con le sistematiche che consentono di conoscere ed imparare il comportamento delle materie prime tra di loro.

Un consiglio infatti è quello di adottare inizialmente il metodo Jean Carles e una volta che si è acquisita agilità con questo, passare a costruire le fragranze "a blocchi" già prestabiliti come nel metodo Maurer. I blocchi del metodo Maurer, di solito, sono già ben strutturati e complessi e per ottenere una formula complessa ma di semplice approccio ogni blocco dovrà essere composto da diverse materie prime soprattutto nella formulazione per profumi. Nel quaderno degli esercizi troverete un esempio ben descritto di composizione con il metodo Maurer e i tempi di formulazione, maturazione e di valutazione della fragranza.

Dissonanza e consonanza: due concetti chiave

Nella fase sperimentale della combinazione tra le note ci si imbatte solitamente in tre tipologie di risposte, tra queste risposte immediate o più spesso ragionate, il profumiere deve distinguere il percorso da intraprendere valutando la riuscita o le potenzialità dell'accordo. Di solito le risposte di base che si hanno dopo la composizione dell'accordo sono le seguenti: **positiva, repulsiva o incerta.**

Risposta positiva: è una risposta di tipo spontaneo diretta che definisce un rapporto corretto tra le note, questa risposta è data sia dalle sensazioni immediatamente piacevoli che si percepiscono, sia dalla riuscita dell'impressione che intendiamo dare all'accordo.

Risposta repulsiva: anche questa è una risposta di tipo spontaneo diretta che innegabilmente rende l'accordo non riuscito o più comunemente sgradevole e di difficilissimo approccio, tanto da dissuadere spesso il profumiere dal proseguire.

Risposta incerta: è la risposta più frequentemente avvertita, essa è indiretta poiché ragionata e valutata più volte, reca in sé degli aspetti gradevoli o di giusta riuscita del concetto ed altri di difficile comprensione o sgradevoli ma con un buon margine di correzione.

In questo caso il percorso da intraprendere si baserà su quelli che sono due concetti base della profumeria finora mai completamente disquisiti: **consonanza e dissonanza.**

Consonanza e dissonanza sono termini presi in prestito alla musica, come tanti altri in profumeria[5,] col significato di suonare insieme piacevolmente, nel caso del primo, o in maniera insoddisfacente, nel secondo caso.

Possiamo intendere per consonanza tutti quegli aspetti tra due o più note olfattive, che si sviluppano armonicamente insieme dando luogo ad un concetto distinguibile. Tali note possono essere

---

[5] Note, accordi, volume, *orgue (a parfum)*...

definite **assonanti**, cioè con un "suono" simile, o **consonanti** propriamente dette, cioè note diverse ma che "suonano" bene insieme.

Sono assonanti quelle note che si distinguono per affinità filogenetica, di famiglia olfattiva o di struttura chimica, ad esempio, musk ketone e musk xylene (assonanza di struttura), *Salvia sclarea* e *Salvia officinalis* (assonanza filogenetica botanica, stesso genere), Ylang ylang e gelsomino (assonanza di famiglia olfattiva). Questi sono accordi assonanti facili e come si può capire anche un po' statici, tesi più che altro a rafforzare un'idea o a offrirne una variante o una visione personale.

Le note consonanti propriamente dette sono invece ingredienti diversi ma che si accordano positivamente tra loro dando luogo talvolta ad un effetto particolare ed inaspettato; citiamo ad esempio l'*acetato di stirallile* e il *veltolo* che formano un accordo specifico di "zucchero filato".

Gli esempi di consonanza sono numerosissimi, ne troviamo molti nella bibliografia di settore e ne vedremo diversi nell'eserciziario di questo trattato, tali esempi di studio devono però essere di supporto propedeutico alla realizzazione ed allo studio dei propri accordi; infatti, è questo il lavoro principale del profumiere che rende unica e distinguibile la sua composizione.

Dissonanza invece è un termine che implica, per definizione (anche musicale), un'incertezza, un'instabilità ed un contrasto tra le note, talvolta sgradevole o inusuale, ma che spinge verso una possibile risoluzione dinamica.

Il concetto di risoluzione dinamica è la spinta che muove la composizione intera. Lo stesso Jean Carles, in una sua intervista sulle metodiche compositive, incita gli studenti a produrre accordi eccessivi e spesso dissonanti. Importantissimo è però il **concetto di tempo** ovvero di durata di quell'effetto, se tale dissonanza dovesse pervadere o restare presente per tutta la composizione la risposta non può che essere repulsiva.

Attraverso esperimenti metodici a due note si possono ottenere seri spunti di partenza o abbellimenti per lo sviluppo compositivo e, nonostante ciò richieda un notevole investimento in termini di tempo e di materie prime, si dovrebbe sperimentare molto di più su consonanze e dissonanze.

Metodo del triangolo rovesciato

È un approccio utile nella valutazione di un accordo e in campo sperimentale permette sia di tener nota schematica delle possibili combinazioni sia di organizzare le sistematiche nello studio di un accordo.

Lo schema parte da un triangolo equilatero col vertice C rivolto verso il basso, i due angoli superiori A e B rappresentano le due materie prime di partenza. Per ogni materia prima di partenza determineremo almeno tre caratteristiche, più saranno schematiche e sintetiche le qualità indicate più sarà efficace questo approccio. Nulla ci vieta poi di stilare un resoconto più approfondito per ogni esperimento, anzi questo per ogni buon laboratorista è fondamentale. Tali caratteristiche cambieranno a seconda dello studio che affrontiamo ovvero se vogliamo determinare il volume, l'impatto o la persistenza di un accordo, ma anche, come vedremo di una fragranza. In questa prima fase ci concentriamo sulle caratteristiche olfattive delle due materie prime iniziali e quelle delle due sostanze accordate quindi indicheremo tra le tre caratteristiche la famiglia olfattiva e due ulteriori sfumature percepite.

Ad esempio, proviamo a comporre un accordo assonante di 6 parti di lavanda vera, *Lavandula angustifolia* Mill. (sin. *L. officinalis* Chaix, L. vera DC.) e 4 di lavandino *Lavandula hybrida* Rev. (ibrido naturale di *L. angustifolia x L. spica*). Siamo nello stesso genere botanico e i componenti fitochimici presenti nei due oli essenziali hanno modica variabilità sia qualitativa che quantitativa, restiamo comunque in una confort zone che ci darà un accordo di lavanda più o meno gradevole e con diverse sfaccettature ma che risponde comunque positivamente. Testiamo ora su carta i tre composti: lavanda, lavandino ed accordo 6:4, quali differenze possiamo notare? Per aiutarci ci affidiamo al metodo del triangolo rovesciato.

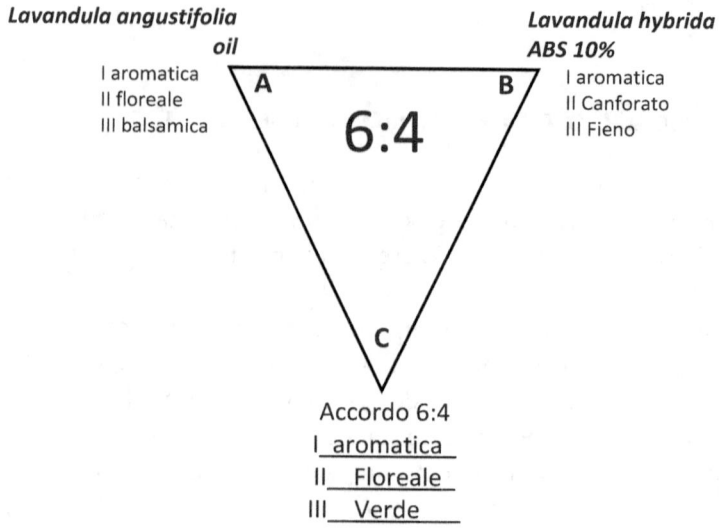

Figura 15 - Esempio di analisi delle faccette olfattive in un accordo 6:4 assonante attraverso il metodo del triangolo rovesciato

Al centro del triangolo inseriamo il rapporto tra materie prime mentre nel vertice C definiremo, rispettivamente alle tre iniziali, le nuove caratteristiche risultanti dell'accordo ottenuto.

Questo metodo si può applicare anche alle fragranze in fase d'abbellimento per valutare il comportamento dei modificatori ed il loro impatto nella definizione del profumo in questo caso A sarà la fragranza a cui verrà aggiunto B il modificatore.

Possiamo fare un altro esempio: analizziamo la persistenza nel caso dovessimo aggiungere un cosiddetto "fissatore" ad una fragranza fougère.

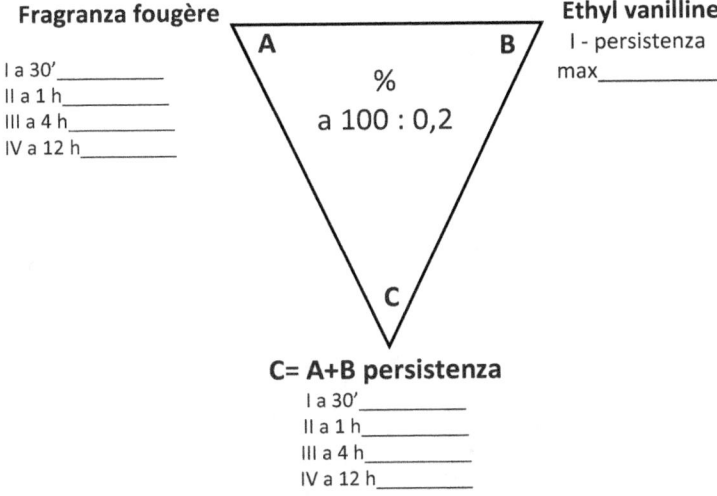

Fragranza fougère

I a 30'_____
II a 1 h_____
III a 4 h_____
IV a 12 h_____

%
a 100 : 0,2

A   B

C

Ethyl vanilline
I - persistenza
max_____

C= A+B persistenza
I a 30'_____
II a 1 h_____
III a 4 h_____
IV a 12 h_____

Figura 16 – Esempio di analisi col metodo del triangolo rovesciato della persistenza di una composizione Fougère con l'aggiunta del modificatore Etil vanillina.

In A inseriremo la percezione della fragranza negli intervalli di tempo e in B la caratteristica principale di cui abbiamo bisogno, in questo caso la persistenza in ore del modificatore (informazione reperibile in scheda tecnica, in bibliografia o ricavata da sé). La risultante C andrà valutata ad intervalli di tempo determinati in precedenza e compilata per aver traccia della funzione "fissativa", in questo caso, della composizione.

Approccio allo studio critico delle fragranze

In questo periodo il mondo del profumo sta subendo una rivoluzione molto importante che nasce dalla diffusione e dalla comunicazione moderna, fatte di blog, social network e commercio digitale, attraverso le quali si possono reperire informazioni e prodotti un tempo relativamente accessibili. Oggi è molto più semplice trovare prime edizioni di opere olfattive o comunicare direttamente con i profumieri creatori di piccole realtà produttive per trovare delle composizioni inedite o limitate. Tutto ciò ha cambiato sicuramente l'approccio al mercato e all'arte della profumeria. A causa di questa miriade di informazioni, la critica nei confronti di un'opera olfattiva si è livellata ad un metodo descrittivo, talvolta povero e incompleto, altre volte ricco di fantasticherie soggettive spesso utili solo al bravo psicologo a cavare informazioni sullo status mentale di chi recensisce. Per lo studente di profumeria leggere che in tale profumo è presente la violetta, il patchouli, le aldeidi o i muschi non ha alcuno scopo didattico né formativo, tantomeno serve all'utilizzatore finale che spesso finisce per scegliere il profumo in base alle note olfattive che pensa di preferire. Se nella profumeria ci fosse un approccio alla critica come nell'arte, sicuramente riusciremmo a comprendere e divulgare in modo scientifico le opere olfattive costruendo auspicabilmente quello che viene definito "linguaggio olfattivo comune". Immaginate di descrivere un quadro di Van Gogh elencando solo i colori e aggettivandoli con considerazioni personali, provate a descrivere un libro elencando solo il numero di capitoli e il nome dei personaggi oppure cercate di descrivere la *Rhapsody in Blue* di Gershwin, spiegando che inizia e chiude in si bemolle maggiore ma modula da subito in chiave di la e che l'intera sezione centrale è in do con alcuni passaggi in sol maggiore.

Potete immaginare il risultato!

Quando inseriamo, per esempio, le opere di Picasso nel cubismo, i capolavori di Monet nell'impressionismo o le composizioni di Scott Joplin nel ragtime, identifichiamo subito la corrente e lo stile ma per studiarne le strutture e le tecniche compositive abbiamo bisogno di analizzare singolarmente ogni singola opera che conterrà le sue particolarità individuali intrinseche e le modalità di espressione artistica del suo autore. Allo stesso modo, per capire una fragranza negli aspetti tecnici, e non solo, è necessario inserirla in un contesto di spazio-tempo che si manifesta sotto diversi livelli. Introduciamo perciò il concetto di **cronotopia olfattiva**, fondamentale se si vuole capire a fondo un'opera olfattiva e come sia stata concepita.

Valutazioni cronotopiche delle fragranze

Possiamo individuare almeno due livelli cronotopici in un profumo:

Il primo livello cronotopico è quello relativo al **compositore,** al tempo e allo spazio nel quale ha composto un'opera.

Il secondo livello cronotopico è quello relativo alla **fragranza** stessa, come questa si sviluppa nel tempo e come si comporta nello spazio (volume e impatto).

Possiamo individuare anche un terzo livello cronotopico che è quello soggettivo dell'**annusatore,** quando e in quale spazio si è approcciato all'opera olfattiva: questo può dar spunto ad una critica interpretativa.

Valutando questi tre livelli cronotopici riusciamo a tracciare correttamente una descrizione oggettiva dell'opera, corredata dagli aspetti soggettivi della critica.

Per il primo livello cronotopico è fondamentale la descrizione storica, sociale e culturale dei contesti nei quali il profumiere ha operato. Potrete notare che il profumiere di una grande azienda essenziera, quello di una maison specifica o quello di bottega, avranno stili, gamme, composizioni ed indirizzi differenti. Le materie prime a disposizione e come queste venivano o vengono prodotte, determinerà scelte fondamentali per la composizione e ne conferirà aspetti diversi. Composizioni famose, rielaborate e riadattate nel corso degli anni, rispondono proprio a queste caratteristiche. Perciò, la descrizione di un profumo storico dovrà essere corredata anche dagli eventuali adattamenti e cambiamenti subiti nel tempo.

Per descrivere il secondo livello olfattivo è imprescindibile la conoscenza della tecnica e di come è concepita e poi costruita la formula. Riuscire a distinguere l'architettura e il design di una formula non è per nulla semplice ed è proprio qui che un critico di profumeria si dovrà impegnare di più, utilizzando una comunicazione quanto più oggettiva e scientifica possibile per far valere le sue tesi.

Infatti, l'interpretazione di un'opera senza una forte argomentazione, lascia sempre spazio a fraintendimenti o sterili allusioni che nulla daranno in più alla costruzione di un linguaggio olfattivo comune.

Uno spunto interessante possiamo prenderlo dalla letteratura o meglio dallo studio delle strutture narrative che Tzvetan Todorov definisce nel 1969 con il termine **Narratologia**.

Torodov sosteneva che un'opera letteraria è "storia e discorso allo stesso tempo". Questa visione, trasposta alla profumeria, permette un'analisi complessa ma allo stesso tempo completa dell'opera olfattiva. Un profumo si svolge nel tempo come una storia ovvero una serie di stimoli sensoriali che si susseguono, dati dalle diverse note più o meno pervasive o prolungate. Allo stesso tempo il profumo è discorso cioè come il profumiere ha costruito e raccontato questa storia e come chi annusa o indossa la fragranza la percepisce.

Facendo questo parallelismo possiamo compiere quella che definiremo **analisi degli elementi**, cioè dei "personaggi" della composizione, ovvero le materie prime o le note che compongono la fragranza. Si possono pertanto identificare i ruoli delle materie prime, le gerarchie le caratterizzazioni e gli attributi.

Analisi visiva dell'opera olfattiva

Nella stragrande maggioranza dei casi, le opere olfattive sono correlate a opere visive. Perché? Ci sono diverse risposte a questo quesito.

La prima è di senso pratico, ovvero, per poter comunicare l'idea in maniera immediata ad un pubblico ampio, la profumeria si è dedicata in parallelo alla creazione di opere visive d'impatto. Queste dovrebbero preparare l'annusatore a ciò che sentirà, catturare la sua attenzione e suscitare un bisogno. Da qui nascono le idee pubblicitarie e le varie campagne di comunicazione indirizzate alla promozione del prodotto.

La seconda risposta è quella artistica di concetto come espressione stessa dell'opera olfattiva. L'abito del profumo ed il costrutto visivo concorrono, infatti, a rappresentare in toto il concetto dell'opera. Trovare l'abito più adatto, inteso sia come packaging che come racconto visivo della fragranza, è stato fondamentale per emancipare il profumo dal ruolo di semplice belletto a opera artistica.

Da sempre i profumieri hanno seguito, in diversi modi, queste due direzioni per raccontare e anticipare la percezione del profumo. Perciò la critica di una fragranza deve necessariamente tenere in considerazione anche questo aspetto che concorre alla definizione espressiva dell'opera.

Un fattore molto importante è, inoltre, il nome o titolo della fragranza che riveste un ruolo fondamentale nella comunicazione dell'opera.

L'importanza del nome

Il nome di una fragranza ha un'importanza fondamentale nella comunicazione dell'opera olfattiva. Alcuni profumieri sostengono che si può partire dalla scelta del nome del profumo per favorire il processo creativo. È molto comune in profumeria, soprattutto in quella artistica, costruire il profumo su un nome evocativo che riassuma da subito il messaggio e la storia che s'intende raccontare.

Quando si studia un'opera e la si racconta va fatta sempre attenzione a questo particolare per comprenderne appieno il suo significato. Per esempio, si conoscono almeno quattro storie sul perché lo Chanel N°5 abbia proprio questo nome, tutte attendibili o quasi. È ovvio che nella scelta di chi commissiona o crea l'opera interverranno diverse variabili. Nel 1993 Sophia Grojsman realizzò per Yves Saint Laurent il profumo "Champagne" ma, dopo una controversia legale con il *Comité interprofessionnel du vin de Champagne*, sull'utilizzo della parola "Champagne", la YSL fu costretta a modificarne il nome. Il profumo venne ritirato dagli scaffali e reimmesso in commercio con il nome "Yvresse", un intreccio tra il nome dello stilista e la parola *"ivresse"* ovvero ebbrezza in francese.

Cosa ci dice questo caso? Sicuramente evidenzia l'importanza del nome della fragranza sia al livello di marketing sia nei confronti del concept creativo, poiché quello che era il concept originario della fragranza è stato mantenuto nel nuovo nome, ovvero qualcosa di inebriante e "alcolico" ma con un riferimento chic ed elegante.

Conclusioni

In questo manuale ho cercato di rendere semplice l'approccio alle scienze profumistiche attraverso un percorso conoscitivo legato alla natura, ai prodotti delle piante e come questi possono essere estratti e declinati in profumeria. Ho voluto esporre anche i metodi di composizione, spesso poco discussi, e come questi possono essere messi in pratica insieme al processo creativo. Ho deciso di descrivere anche il mio metodo personale, che ho battezzato "architettura L-E-F-T", sperimentato in questi anni di studio e che mi ha dato sempre ottime soddisfazioni. Infine, ho voluto individuare un possibile approccio alla critica delle opere olfattive e quelli che potrebbero essere, in questo senso, i percorsi per condividere un linguaggio olfattivo comune.

Questi contenuti possono essere un ottimo punto di partenza per lo studente e il lettore curioso e un invito a imparare e approfondire ulteriormente tutte le sfaccettature di questa arte straordinaria.

Ringraziamenti

In tutti questi anni sono tante le persone che hanno contribuito in vari modi alla costruzione di questo manuale. Grazie *in primis* a Marco del Centro Studi Erickson per avermi incoraggiato a mettere nero su bianco le informazioni e i contenuti sotto forma di manuale pratico. Grazie ad Andrea e Valeria di Juveniis per avermi sostenuto in questi anni e supportato sempre nella crescita e formazione professionale, anche quando i tempi si son fatti più duri. Grazie a tutto il gruppo Adjiumi e a Cristian per aver piacevolmente condiviso amore, passione e informazione sul mondo dei profumi. Grazie a Francesca fondatrice di "Smell- arte e cultura olfattiva" e costruttrice di ponti, per divulgare con impegno e grande lavoro l'arte della profumeria e la cultura olfattiva. Grazie a Roberta e Michele di Panòsmia per i piacevoli confronti professionali, le condivisioni, gli scambi e la loro amicizia. Grazie ai cari amici Giorgia e Giordano del Centro Studi Erickson per gli stimoli, i consigli e le allegre e piacevoli conversazioni. Grazie alla Bramasole per avermi permesso di comporre le loro preziosissime fragranze.

Grazie ai miei amatissimi nipoti: a Gabriel che mi ha spronato a costruire un fantastico accordo "Muschio di quercia e fragola" e Melania che trova sempre aggettivi spontanei e puri per descrivere i miei profumi.

Profumeria applicata

Bibliografia

Arctander S. - Perfumery and Flavour Chemicals (Aroma chemicals). Published by the author (1969).

Arctander S. - Perfumery and Flavour Materials of Natural Origin. Published by the author (1960).

Belaiche P. – Traitè de phytotherapie et d'aromatherapie. Tome 1, Maloine Editeur, Paris (1979).

Belaiche P. – Traitè de phytotherapie et d'aromatherapie. Tome 2, Maloine Editeur, Paris (1979).

Belaiche P. – Traitè de phytotherapie et d'aromatherapie. Tome 3, Maloine Editeur, Paris (1979).

Bonati A. – Problems relating to the preparation and use of extracts from medicinal plants. Fitoterapia, n.1, (1980).

Bouzouita N. - Chemical Composition of Bergamot (Citrus Bergamia Risso) Essential Oil Obtained by Hydrodistillation. Journal of Chemistry and Chemical Engineering, Volume 4, No.4. Aprile, (2010).

Calkin R. J. and Jellinek J. S. - Perfumery, Practice and Principles. Wiley International (1994).

Capasso R., Borrelli F., Longo R., Capasso F. - Farmacognosia applicata. Springer-Verlag Italia, Milano (2007).

Cavalieri R. – Il naso intelligente. Editori Laterza, Bari-Roma (2009).

Chamouleau A. – Les usages externes de la phytotherapie. Maloine Editeur, Paris (1970).

Cola F. - Le Livre du Parfumeur. Etablissements Casterman, Paris (1931).

Dewick P.M. - Chimica, biosintesi e bioattività delle sostanze naturali. Piccin, Padova (2001).

Fenaroli G. - Sostanze aromatiche naturali. Vol. 1, Hoepli Editore, Milano (1963).

Festing S. - The Story of Lavender. London Borough of Sutton Libraries and Arts Services, London (1984).

Festing S., Piesse Septimus G. W. - The Art of Perfumery, Longman, Brown, Green & Longmans, (1855).

Geankoplis, Christie - Transport Process and Separation Principles. NJ: Pretence Hall. (2004) pp. 802–817.

Genders R. - Scented Flora of the World: An Encyclopaedia. Granada Publishing, (1978).

Guenther E. - The Essential Oils (6 vols). Van Nostrand, (1940).

Hawking S. - Dal Big Bang ai buchi neri. Rizzoli, Milano (1998).

Hiroko K. and Yui K. - Analyses of Volatile Components of Lavender (Lavandula angustifolia HIDCOTE and Lavandula x intermedia GROSSO) as Influenced by Cultivar Type, Part, and Growth Season. (2018).

Jellinek Dr. P. - The Practice of Modern Perfumery. Leonard Hill (Books) Limited, (1959).

Jianu C. et. Al. - Chemical Composition and Antimicrobial Activity of Essential Oils of Lavender (Lavandula angustifolia) and Lavandin (Lavandula x intermedia) Grown in Western Romania. International journal of agriculture & biology, (2013).

Kennett F. - History of Perfume. Harrap, (1975).

Launert E. - Scent and Scent Bottles. Barrie & Jenkins, (1975).

Le Bourhis B. - Les proprietés biologiques de l'anethole. Maloine Editeur, Paris (1973).

Leung, A.Y., Foster S. - Enciclopedia delle piante medicinali. Apoire, Roma (2000).

Maugini E. - Manuale di botanica farmaceutica. VIII edizione, Piccin, Padova (2006).

Maurer E. S. - Perfumes and their Production. United Trade Press Ltd (1958).

Morelli I., Flamini G., Pistelli L. - Manuale dell'erborista. Tecniche Nuove, Milano (2006).

Muller P. M. and Lamparsky, D. - Perfumes: Art, Science, Technology. Elsevier Applied Science (1991).

Pedretti M. - Chimica e farmacologia delle piante medicinali. Studio Edizioni, Milano (1983).

Poucher W. A., Perfumes, Cosmetics and Soaps, 10th edition, Hilda Butler (Ed.), Kluwer Academic Publishers, (2000).

Ragazzi E. – Complementi di galenica pratica. Edizioni Libreria Cortina, Padova (1980).

Reece, Urry, Cain, Wasserman, Minorsky, Jackson – Campbell, La forma e la struttura nelle piante. X edizione, Pearson (2015).

Ribereau P. – Les composés phenoliques des vegetaux. Dunod, Paris (1968).

Rimmel E. - The Book of Perfumes. 5th Edn, Chapman & Hall, (1897).

Roudnitska E. - Le Parfum. 3rd Edn., Presses Universitaires de France (1990).

Rovesti P. – Incidenze ecologiche sulla composizione degli olii essenziali. Rivista italiana EPPOS, n.5, Milano (1981).

Rovesti P. – Pigmentazione cutanea esogena con furanocumarine naturali e sintetiche. Rivista italiana EPPOS, n.2, Milano (1980).

Sawamura M. et al. - Characteristic odour components of bergamot (Citrus bergamia Risso) essential oil. Flavour and fragrance journal, (2006).

Scannerini S. - Le strutture biologiche: Piante. Jaca Book, Milano (1993).

Sell C. S. - The Chemistry of Fragrances. 2nd edition, Royal Society of Chemistry, Cambridge (2006).

Speranza A., Calzoni G. L. - Struttura delle piante in immagini. Zanichelli, Bologna (2000).

Watt M. - Plant Aromatics, A Data and Reference Manual. M. Watt, PO Box 93, Witham, Essex, CM8 3TS, (2000).

Wells F. V. and Billot M. - Perfumery Technology. 2nd. Edn., Ellis Horwood Limited (1988).

Williams D. - Lecture Notes on Essential Oils. Eve Taylor, London (1989).

Williams D. G. - The Chemistry of Essential Oils. Micelle Press, Weymouth, (1997).